CONTENTS

目
录

知书·达理

第四届中国大学生书籍设计展

只 评 审 封 面 。

对 我 而 言 ，

出 色 的 封 面 提 高 了 我 的 预 期 ，

如 果 后 续 内 容

没 有 同 等 的 吸 引 力 ，

我 很 容 易 感 到 失 望 。

——Markus Dressen

2014 瑞士最美的书评委

德国书籍设计家

莱比锡艺术与平面设计学院教授

出版人

book design 书籍设计

17

主办
中国出版协会装帧艺术工作委员会
编辑出版
《书籍设计》编辑部
主编
吕敬人
副主编
万捷
编辑部主任
符晓笛

图书在版编目（CIP）数据

书籍设计 . 第 17 辑 / 中国出版协会装帧艺术工作委员会编 . -- 北京 : 中国青年出版社 , 2015.12
ISBN 978-7-5153-4035-7
Ⅰ . ①书… Ⅱ. ①中… Ⅲ. ①书籍装帧 – 设计 Ⅳ.
① TS881

中国版本图书馆 CIP 数据核字 (2015) 第 320324 号

执行编辑
刘晓翔
责任编辑
马惠敏
封面字体设计
朱志伟
书籍设计
刘晓翔 张志奇
监制
胡俊
印装
北京雅昌艺术印刷有限公司
出版发行
中国青年出版社
社址
北京东四十二条 21 号
邮编 100708
网址 www.cyp.com.cn
编辑部地址
北京市海淀区中关村南大街 17 号
韦伯时代中心 C 座 603 室
邮编 100081
电话 010-88578153 88578156 88578194
传真 010-88578153
网址 bookdesign.artron.net
E-mail xsw_88@126.com
定价 : 48.00 元

中国青年出版社

主办　中国美术家协会平面艺术委员会
中国出版协会装帧艺术工作委员会
承办　汕头大学长江艺术与设计学院
媒体支持　360 杂志　设计在线

最 佳 奖

佳 作 奖

优 秀 奖

评 审 奖

入 围 奖

大赛组织奖

Book
Design
2015
17

第四届中国大学生书籍设计展
The 4th Exhibition of University Student Book Design in China
Erudition
Cognition
Creation
2014/12/6
2014/12/10
2014/12/6 16:00
Creation

主办　中国美术家协会平面艺术委员会
中国出版协会装帧艺术工作委员会
承办　汕头大学长江艺术与设计学院
媒体支持　《360°》杂志　设计在线

1

知书 · 达理

第四届中国大学生书籍设计展
在汕头大学长江艺术与设计学院圆满举行

2

继第一届、第二届、第三届中国大学生书籍设计展分别在北京、南京、杭州举行，第四届中国大学生书籍设计展在汕头大学长江艺术与设计学院举办。

本届展览的总策展人与学术主持为中国美术家协会平面艺术委员会副主任、中国出版协会装帧艺术工作委员会副主任、清华大学美术学院教授、国际平面设计联盟（AGI）成员、著名书籍设计家吕敬人。

3

初评评委：新锐设计师马仕睿先生、书籍设计师杨林青先生、著名设计师及 AGI 成员赵清、长江艺术与设计学院设计系主任及 AGI 成员吴勇、广州美术学院版画系讲师吴玮、中央美术学院副教授费俊。经过 11 月 30 日全天的评选工作，在近千件作品中初评出 300 余件作品进入终评阶段。

展览终评委员会由国际平面设计联盟（AGI）主席 Las Mü ller(拉斯 · 缪勒)、书籍设计师及 AGI 成员吕敬人教授、国际平面设计大师及 AGI 会员靳埭强教授、中央美术学院设计学院副院长及 AGI 会员宋协伟教授、著名书籍设计师刘晓翔和长江艺术与设计学院设计系主任及 AGI 会员吴勇教授组成，并进行了评选工作，评出最佳奖、佳作奖、评审奖、优秀奖及入围奖作品共计 317 件。

本届作品分别在书籍设计的概念设计、形态设计、编辑设计和材料设计等综合表达创作，形式风格，多元化的阅读设计等诸多方面有新的突破，显示出各大学的书籍设计教学理念的创新和深入，令人欣喜。除纸质书籍设计作品外，本届展览还特设了电子书籍单项设计作品。

2014年12月6日下午4点于汕头大学新行政楼一楼大厅举办了隆重的开幕仪式及

4

1　王受之院长致辞

2　AGI 主席拉斯・缪勒先生致辞

3　著名书籍设计家吕敬人先生致辞

4　展览现场

5　嘉宾与到场观众合影

颁奖典礼。来自海内外的著名设计师及嘉宾出席了活动，国际平面设计联盟（AGI）主席 Las Müller(拉斯・缪勒)先生、国际著名平面设计大师靳埭强教授、汕头大学长江艺术与设计学院院长王受之教授、副院长韩然教授、中央美术学院设计学院副院长宋协伟教授、本届策展人吕敬人教授、《包装与设计》杂志社社长黄励先生、著名书籍设计师刘晓翔先生、清华大学美术学院视觉传达设计系副主任李德庚副教授、四川音乐学院美术学院副院长周靖明教授、厦门大学艺术学院副院长戚跃春教授、深圳市平面设计师协会秘书长刘永清先生等。还有来自国内多所艺术设计院校的老师与学生，共同参观陈列形式别致新颖的展览和学术交流论坛活动。

5

6

7

6 正在翻阅的现场观众

7 现场提供可翻阅的书籍

8 嘉宾与获奖者合影

9 书展海报设计

8

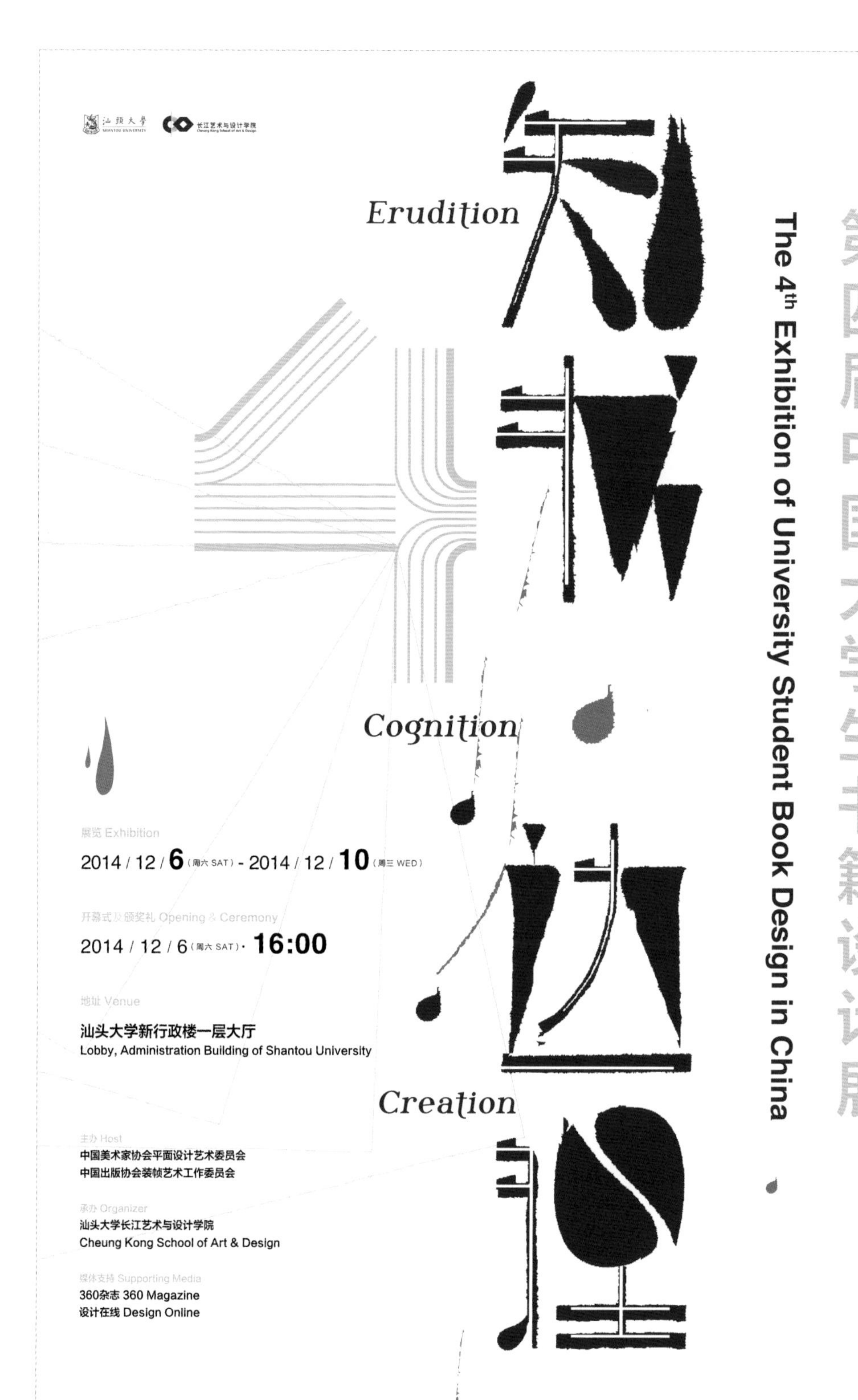
第四届中国大学生书籍设计展
The 4th Exhibition of University Student Book Design in China
Erudition
Cognition
Creation
展览 Exhibition
2014 / 12 / 6（周六 SAT）- 2014 / 12 / 10（周三 WED）
开幕式及颁奖礼 Opening & Ceremony
2014 / 12 / 6（周六 SAT）· 16:00
地址 Venue
汕头大学新行政楼一层大厅
Lobby, Administration Building of Shantou University
主办 Host
中国美术家协会平面设计艺术委员会
中国出版协会装帧艺术工作委员会
承办 Organizer
汕头大学长江艺术与设计学院
Cheung Kong School of Art & Design
媒体支持 Supporting Media
360杂志 360 Magazine
设计在线 Design Online

序

长江艺术与设计学院
设计系主任　吴勇

书，纸质阅读，在今日中国或许已被事实性边缘化，知识获取途径的资讯化改变，模糊了信息与文化间的差别，人人似乎无所不知、无所不晓，对知识的学术性失去了敬畏感、求知欲。资讯的快捷获取方式彻底模糊、简化，甚至替代了修养、求索、厚积的研习过程，使人应有的修为过程变得简单、浮躁、粗暴，个人素质在经济迅猛发展的催化下显得更加异化。人们没有时间停下来思考与享受，像经济动物一样去弱肉强食人类应有的文化生活！被异化的高等教育、被浮夸的创新产业、被功利的城市化建设挤压与摧残了传统文化和文化新趋的空间，进而影响到人们普遍缺乏欣赏、潜修的质素！而书籍阅读文化让我们重新回归社会生活健康的生态，挽回大众对书籍审美的一种尊重和期盼。

书籍设计课程，作为一门将文化介入艺术的教学平台，寄期同学借此能领略文化的真谛、设计的魅力、信息的掌控、形态的超越、材料的选择、思想的梳理、学识的运用……书籍设计专业，一个有着复杂运作流程和综合思辨能力的创作工作，它能带给读者书籍的"第二作者"所能创造的有温度的阅读。或许，今天的读者已分化为"分众"，但书籍的阅读所能创造的"文化"氛围是独有、不可或缺的；或许，书籍设计的创作者已成为"小众"，但经营书籍的阅读魅力永远是那么具有诱惑的工作，令人神往；或许，未来纸质阅读会越来越被有文化的"大众"所追随，那时放逐远行的我们便回到了精神的家园。知书达理，让我们找回自己。

潮汕地区，一个正在传统文化留存与迷失间徘徊的伊甸园。近年来，汕头大学长江艺术与设计学院的学生书籍设计作品屡获包括日本 TDC 奖在内的各项大奖，2014 年 12 月，第四届中国大学生书籍设计邀请展在我院举办，有众多艺术设计院校及设计机构参与观摩，我们愿借此平台与同行交流学习，共同见证此次交流盛会。

10

10 评审现场

11 终评嘉宾合影

11

最佳奖

中央美术学院

1 乔茜
《存在先于本质》
2 王启迪
《过日子》
3 杨柳青
《一次复制
和三次改写》
4 杨晓雪、孙帅
《2012
——微博之言》

存在先于本质

作品信息

姓名　乔茜
作品名　《存在先于本质》
学校　中央美术学院
指导老师　宋协伟 蒋华

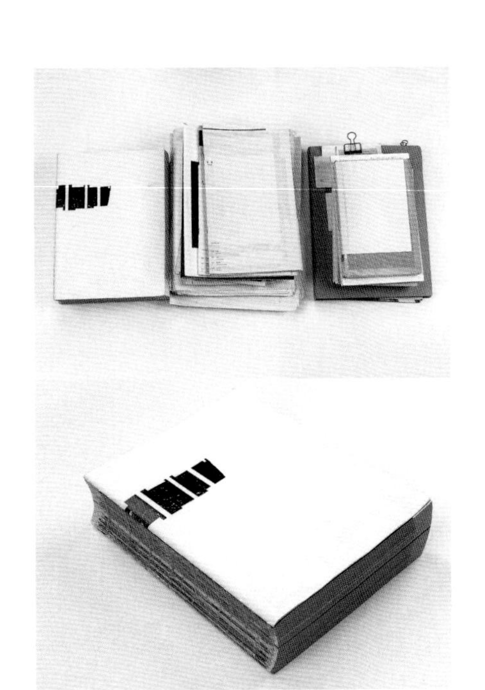

设计说明：作品的主题是自我描述，而叙述方式并不是直白地由自我谈及自我，而是借助他者来言明我自己。我的作品包括三部分，第一部分是前期的资料收集以及我的笔记，我利用本专业的特长，将收集的原始资料进行再设计，改变了书籍的原本面貌，更多地带有我自己的体会去重新装订、转印，因为我认为所有的人物传记和作品被分析的目的并不是考证历史，而是在自我建构的过程中找到一个参照；第二部分是一本艺术家自我描述的合集，它实际上是对前期资料的整理与概括；第三部分的内容包括索引、文本与图像。

从100个"他"中寻找自我的探索过程，形成自我的解构与建构的叙事，借用强化以索引、链接、再索引、再链接的方式提炼关于100个"他者"中的"自我描述"。所有的"自我描述"最终指向了同一个个体。大量的文本、图像的陈列、阅读以及整理分析，试图在研究过程中排列自我的"发现"。15本书籍相互组合所形成的卷面，并不是传统意义上的阅读行为，作品试图通过大的图景来呈现局部信息，包括它不完整的信息链接封面。它会留有预设，在特指空间与行为下，会自然形成作品的完整性。这种尝试使功能性书籍的阅读方式发生质变，因为这是一本存在空间性、时间性的读物，是一种阅读群体性行为的计划。

initial
TAKE FREE
FOR STOCKISTS
EXHIBITION
2009 9 9wed-9 11fri

initial
THE UNUSUAL EXPERIENCE
TAKE FREE
ISSUE NO.01
GRAND OPENING ISSUE
www.initialfashion.com
TASTE OF
The Unusual Experience
ABOUT
Fashionable Gourmet | initial Fashion Store | Mix N' Match On Table | Café With Film | initial Café Hong Kong

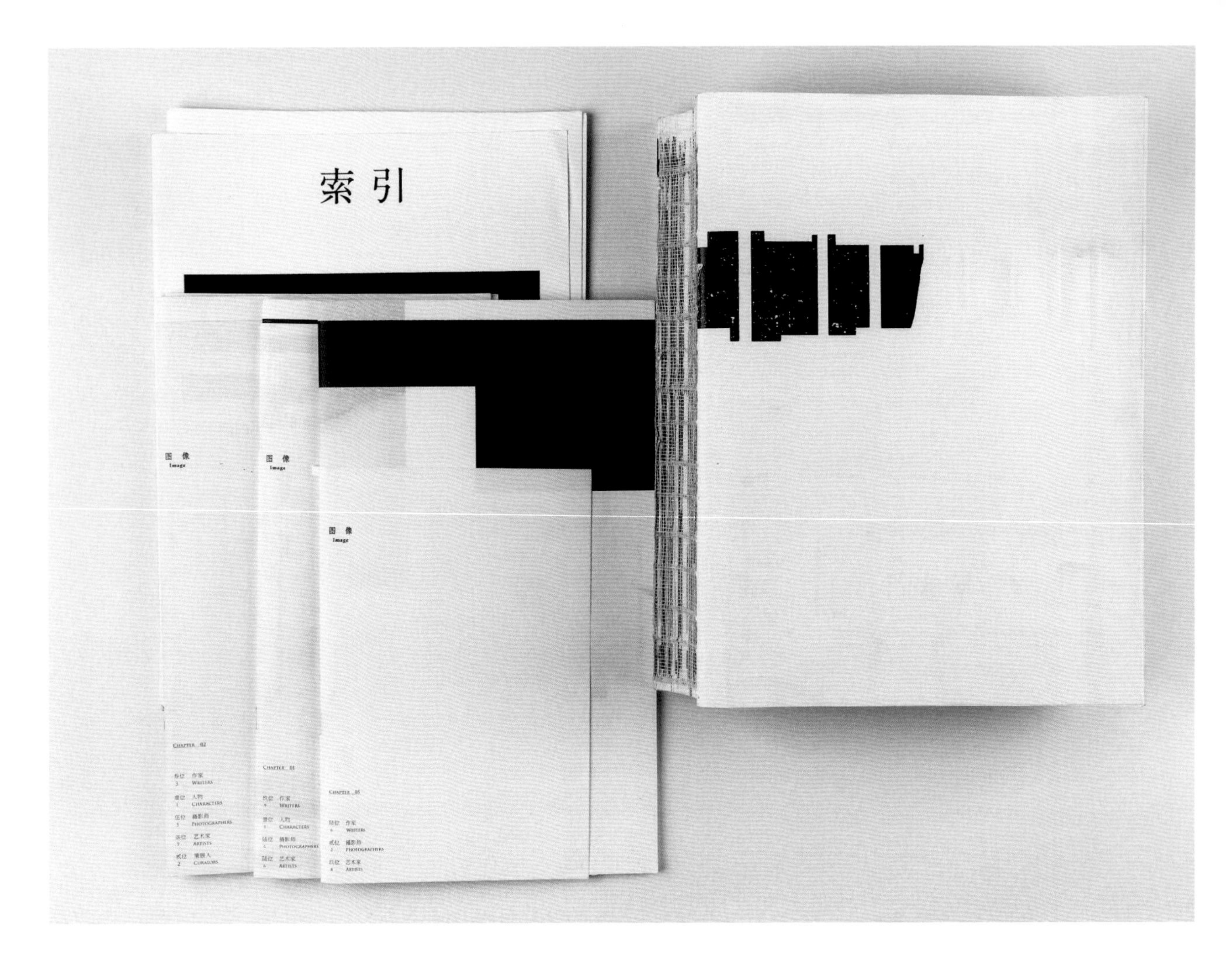
索引
图像
Image

2 过日子

作品信息

姓名 王启迪
作品名 《过日子》
学校 中央美术学院
指导教师 宋协伟

设计说明：《过日子》所谓荒诞，贯穿生命始终。我的祖母过着西西弗式的生活，因腿脚不便，每日辗转于有限的空间里。日复一日。每一件家具便成了祖母生活轨迹的节点。我们又何尝不是这样，在社会指定的规则下我们失去自我意识，完全被控制地过这种生活。祖母是幸福的吗？我们是幸福的吗？我想知道人们在接受了义无反顾的生活之后是否也能同样义无反顾地劳动和创造以及通向这些自由的道路是什么？我的毕业设计，用同一块木板反复刻祖母常使用的一件家具，刻画这件家具的剖面，每个剖面显露出的物品带出我和祖母关于这个家庭的回忆、叙事。通过我和祖母的回忆，与加缪一起探讨人与人生。

过日子
GETALONG
A 提问 /
B 探讨 /
西西弗斯，这神的无产者，无能为力而又在反抗，
社会分工论
内容梳理
2012 / 10
The Division of Labour in Social / Emile Durkheim / 1893
自杀论
内容梳理
2012 / 11
西西弗斯的神话
01

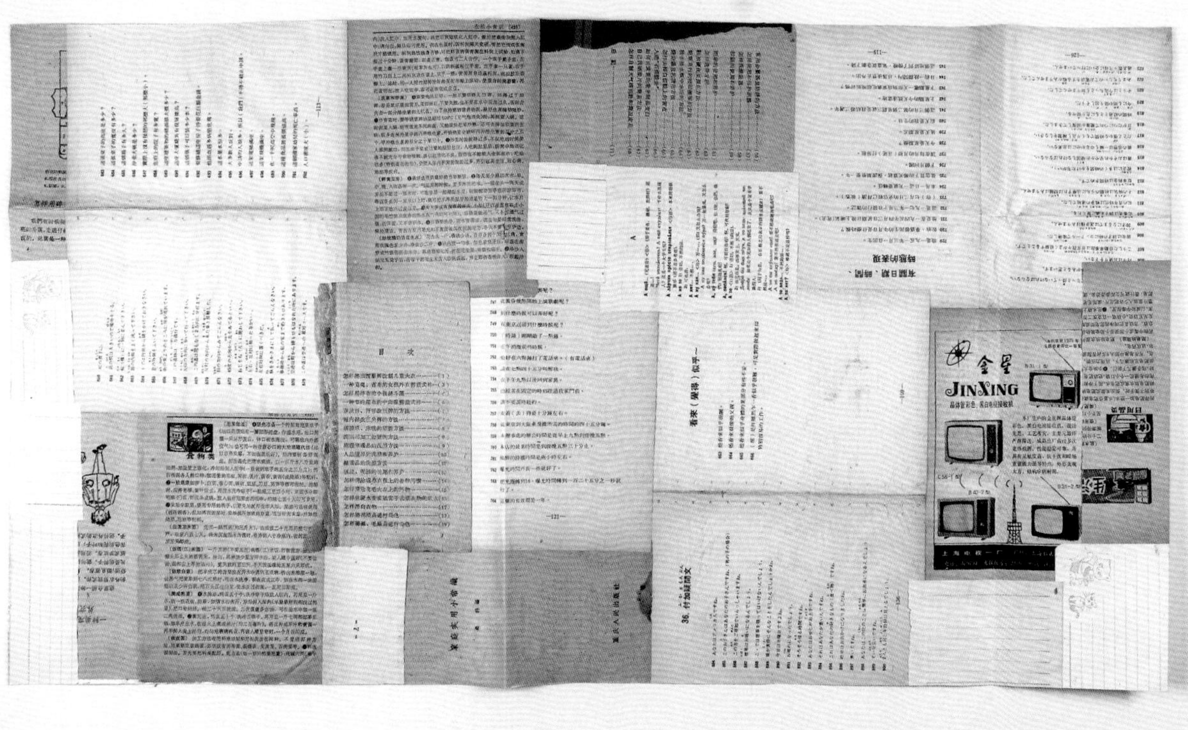

金星
JINXING

又见清算
定制电影
1000种玩法 玩转视界杯
中国重修外贸战略
核心报告起草人点击关键

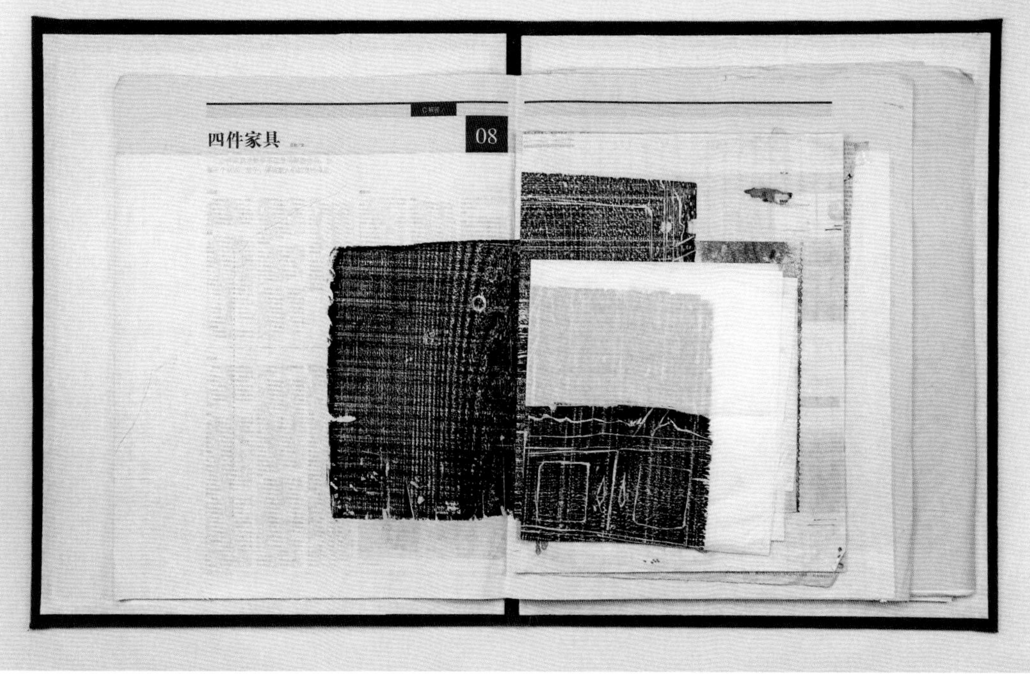
四件家具
08

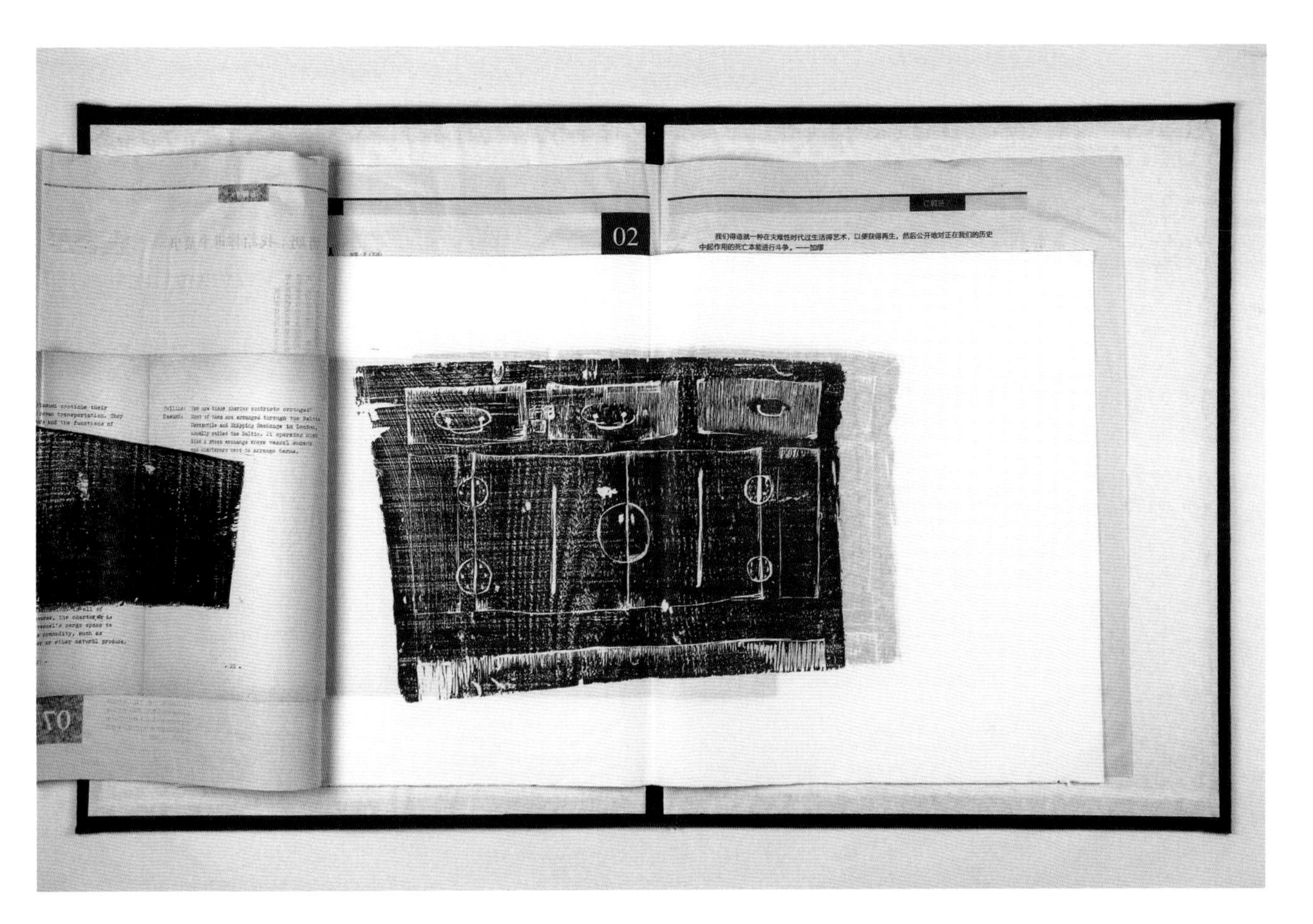
02
我们得造就一种在灾难性时代过生活得艺术，以便获得再生，然后公开地对正在我们的历史中起作用的死亡本能进行斗争。——加缪

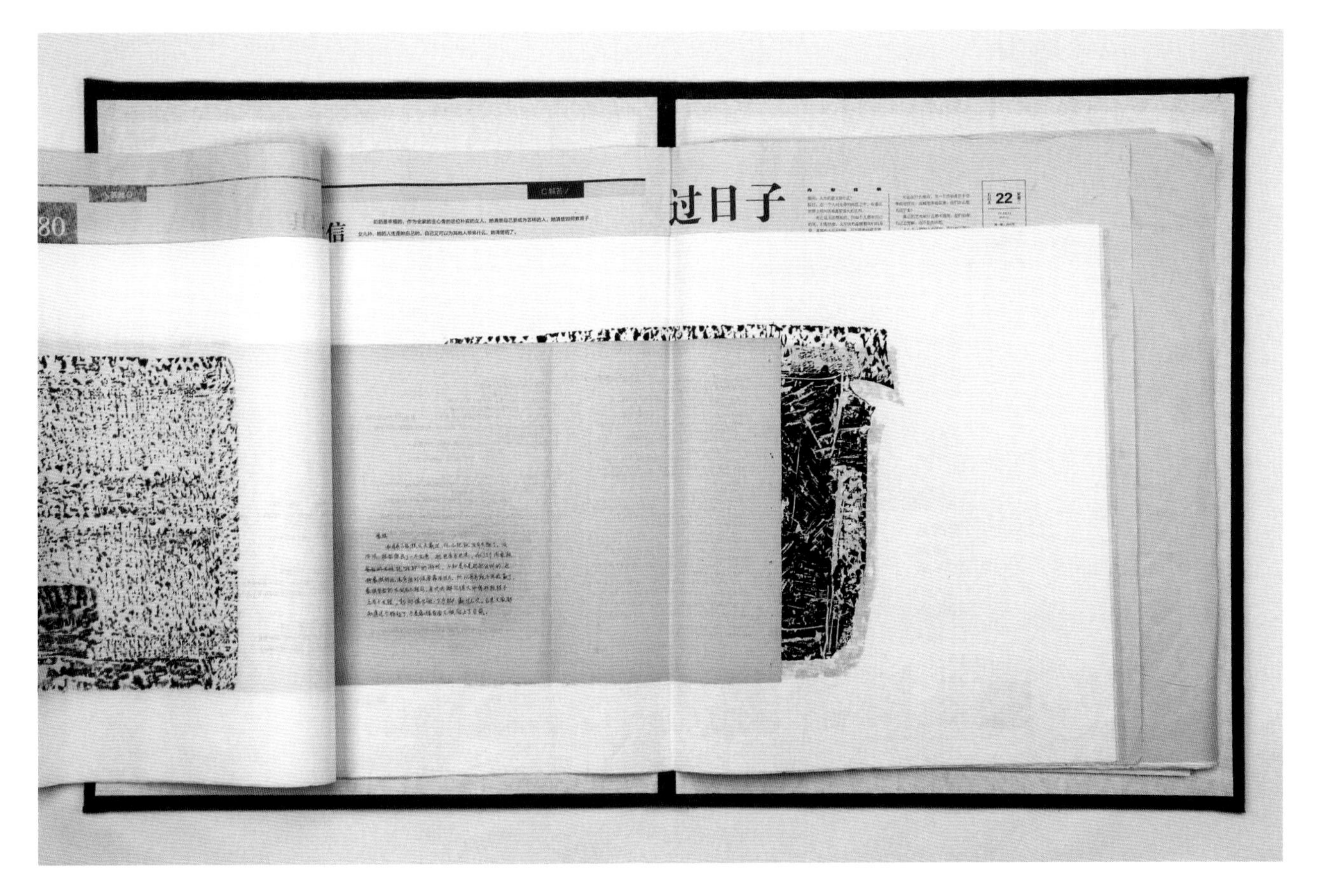
过日子
22

3　　一次复制和三次改写

作品信息

姓名　杨柳青
作品名　《一次复制和三次改写》
学校　中央美术学院
指导老师　宋协伟

设计说明：误读作为一种阅读方式，其中意义的播散、转化、延异衍生出阅读的差异。对文本内容的25次引用与125次主观改写及干预，集成自己对误读的理解与方法。纱布、宣纸、丙烯等材料的介入，以及纯手工丝网印刷方式的试验，使得文本内容、文本形态对偶然性和随机性进行了全新的描述。自己参与试验的行为本身也成为一种误读的过程。在这里，行为构成作品的主体，不可复制的偶然性成为了作品最有温度的质感。在持续劳动的推动下，偶然似乎又成为某种必然结果。“错误”的出现颠覆了规则，将我们带往理性与逻辑不能到达的地方，创造我们从未有过的语言。

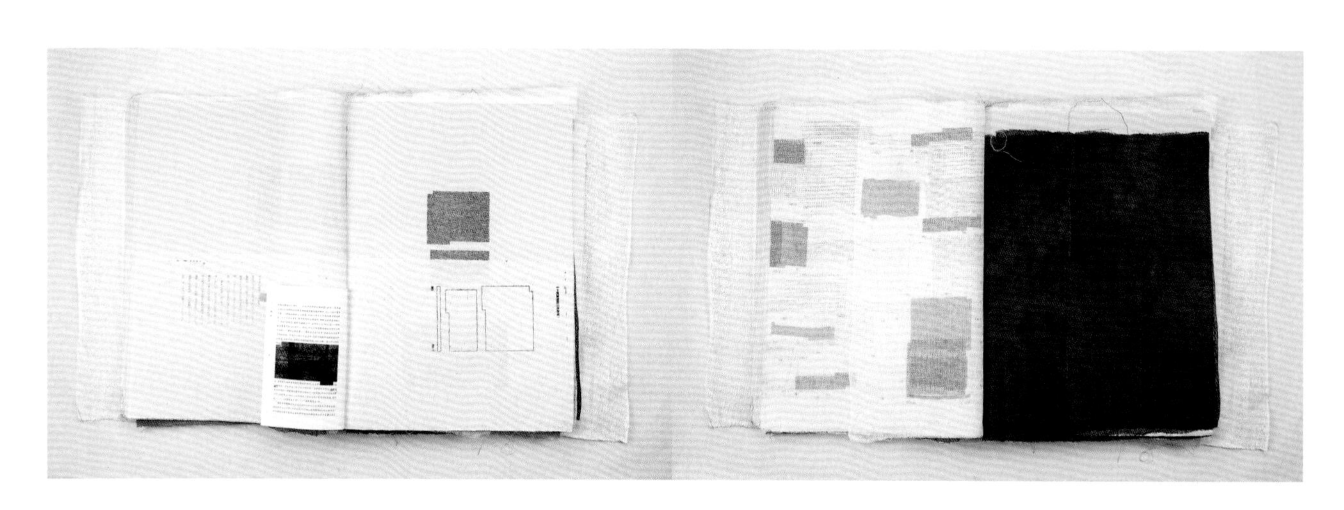

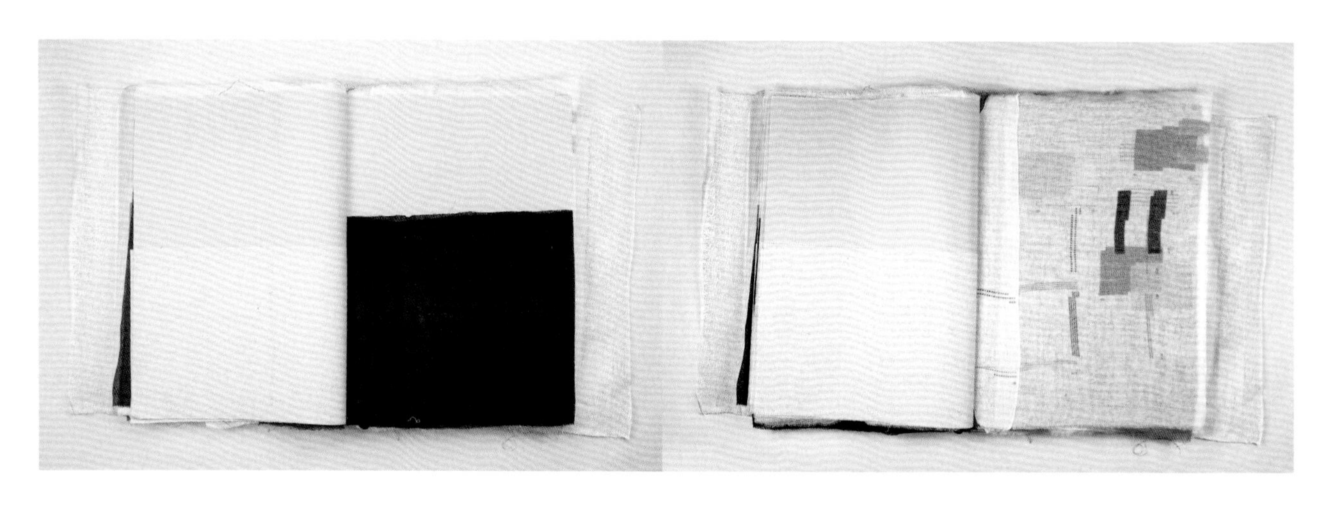

八），这肯定令人觉得不可思议。
《男子气概》语调的冷静——与该书主题的极为理智和微妙一起——使该书在相当普通的意义上成了一本有吸引力的书，尽管我们对该书的其他特点可能感到厌烦，因为这些特点冒犯了众多的成见。除了那篇出色的序言性文章外，《男子气概》整个行文迂回曲折，绕来绕去，往复折回；在毫无理由打住的地方，它偏偏就打住；这一类的自我醒悟没完没了。该书没有什么情节变化，没有指向，也不提供最终结局或者高潮。《男子气概》是那些非常现代的只有被当作生活工程的一个部分方可全然理解的著作中的又一部新作；我们把它当作一个行动，一个继以其他行动的行动。这一类的文学通常是深奥的，晦涩的，有时是乏味的，它一个片断接一个片断，而每个片断，回想起来，都不构成作品整体的一部分。如今，把深奥和晦涩当作是那些极其密实的文学作品的一个可能的先决条件为之辩护，并非难事。但是，乏味怎么说？难道它也有正当的理由吗？我想，有时，它是有理由的（难道伟大的艺术有义务始终保持有趣吗？我想它没有这个义务）。我们应该承认对乏味的某种利用是现代文学的那些最有创造性的风格特点之一——正如那些从传统看来丑陋、肮脏的东西业已成为现代绘画的基本资源，而沉默（自韦伯后）业已成为当代音乐的积极性的、结构性的因素。
［一九六四］

4　2012——微博之言

作品信息

姓名　杨晓雪、孙帅

作品名　《2012——微博之言》

学校　中央美术学院

指导老师　宋协伟

设计说明：现在随着2012年“世界末日”的临近，数以千计的网站、数十种语言的书籍，以及大量的电影都在谈论世界末日话题，“微博”在国内的兴起，给话题创造了谈论交流的可能。“微博”使大量的资讯迅速传播，复杂的、碎片化的信息碰撞、分裂、重叠，为世界末日的话题创造了庞大生长信息语境。话题的产生由于一系列“事件”的相互关联。我们制造“事件”来引发话题，通过微博平台发送私信，邀请多个领域的参与者来线上讨论“2012世纪末日”话题。由于印刷会有少部分成品不合格而被浪费，所以把它们切碎穿插于台历中，概念上刚好与碎片化的微博信息符合。纸样设计以世界末日时刻（2012年12月21日）为参照物，按照参与者回信时间的先后来安排内容的顺序。收集以往发生的与世界末日相关的事件与日期，并且与2012年的日期对应。当你2012年翻开台历的时候，随着时间的流逝、末日的临近，台历的日期消失了，当末日没有发生，台历的日期又出现了。

2012
2012

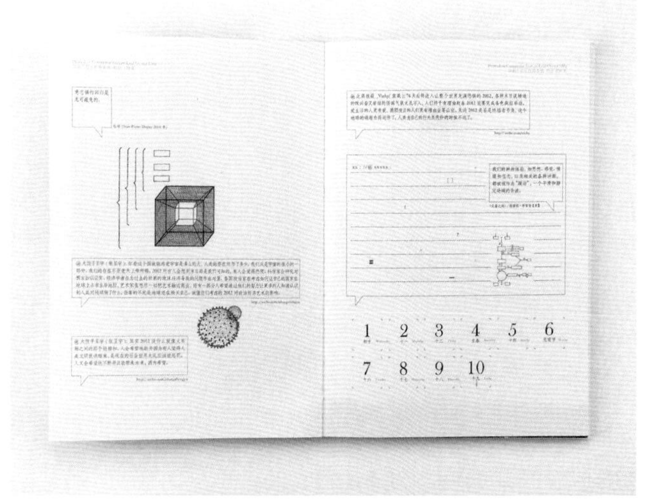
1 2 3 4 5 6
7 8 9 10

2012

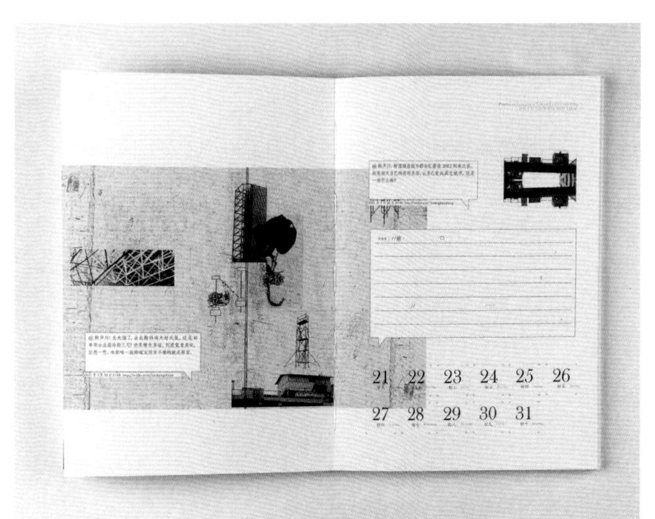
21 22 23 24 25 26
27 28 29 30 31

Book

Design

2015

17

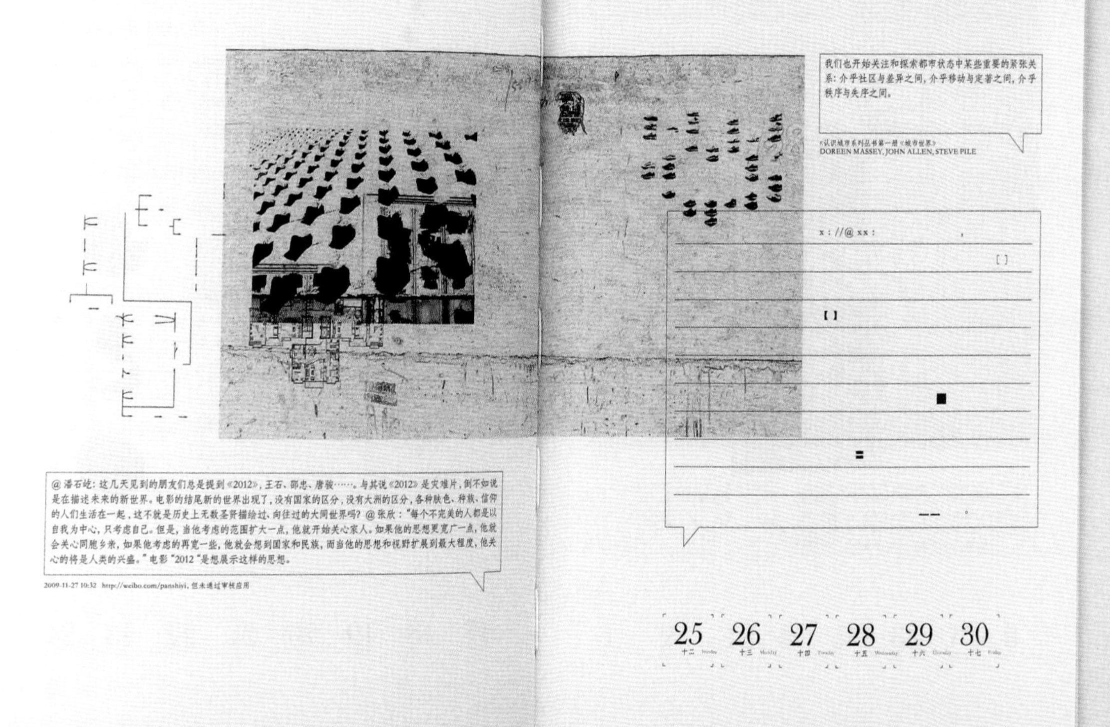
Printed on Conqueror Texture Laid Oyster 120g
印制于阁古纹路条纹 奶白 120 克

我们也开始关注和探索都市状态中某些重要的紧张关系：介乎社区与差异之间，介乎移动与定著之间，介乎秩序与失序之间。

《认识城市系列丛书第一册《城市世界》
DOREEN MASSEY, JOHN ALLEN, STEVE PILE

x : //@ xx :

@ 潘石屹：这几天见到的朋友们总是提到《2012》，王石、邵忠、唐骏……。与其说《2012》是灾难片，倒不如说是在描述未来的新世界。电影的结尾新的世界出现了，没有国家的区分，没有大洲的区分，各种肤色、种族、信仰的人们生活在一起，这不就是历史上无数圣贤描绘过、向往过的大同世界吗？@ 张欣："每个不完美的人都是以自我为中心，只考虑自己。但是，当他考虑的范围扩大一点，他就开始关心家人。如果他的思想更宽广一点，他就会关心同胞乡亲，如果他考虑的再宽一些，他就会想到国家和民族，而当他的思想和视野扩展到最大程度，他关心的将是人类的兴盛。"电影"2012"是想展示这样的思想。

2009-11-27 10:32 http://weibo.com/panshiyi，但未通过审核应用

25 十二 | 26 十三 | 27 十四 | 28 十五 | 29 十六 | 30 十七

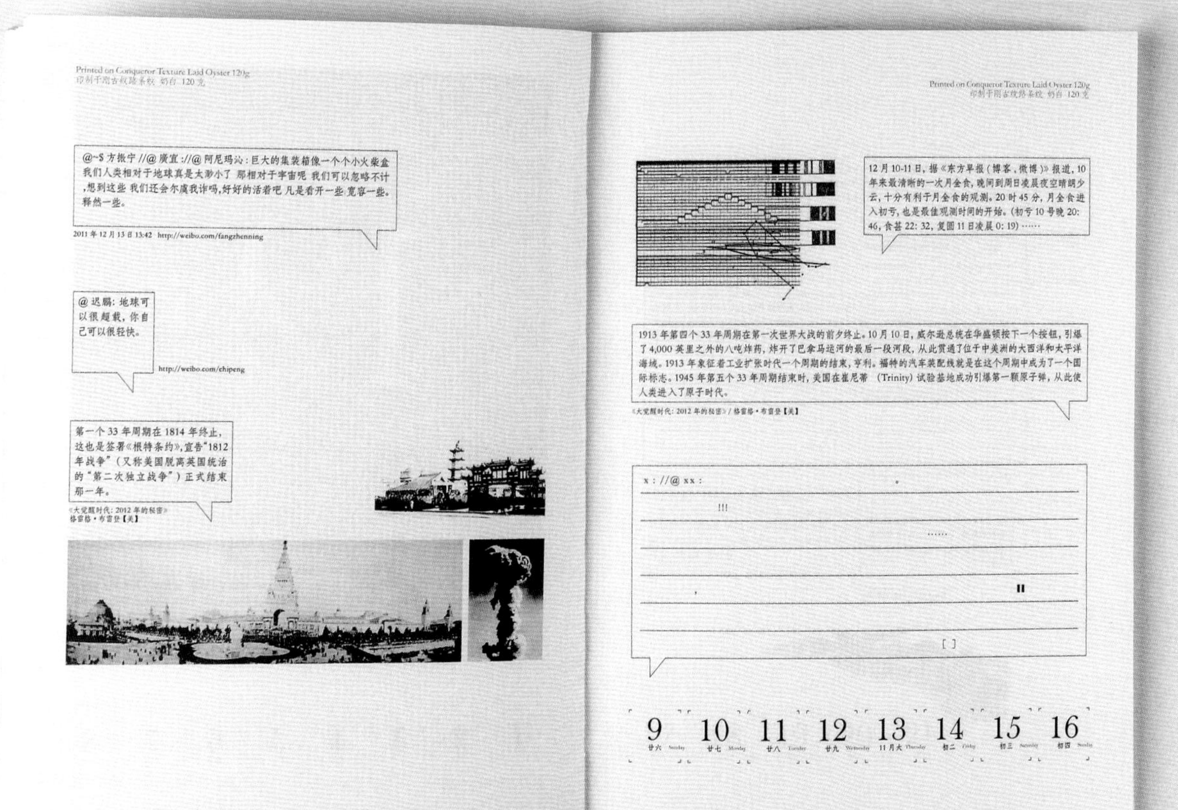
Printed on Conqueror Texture Laid Oyster 120g
印制于阁古纹路条纹 奶白 120 克

@~$ 方振宁 //@ 廣宜 ://@ 阿尼玛沁：巨大的集装箱像一个个小火柴盒 我们人类相对于地球真是太渺小了 那相对于宇宙呢 我们可以忽略不计 ,想到这些 我们还会尔虞我诈吗,好好的活着吧 凡是看开一些 宽容一些。释然一些。

2011 年 12 月 13 日 13:42 http://weibo.com/fangzhenning

@ 迟鹏：地球可以很超载，你自己可以很轻快。

http://weibo.com/chipeng

第一个 33 年周期在 1814 年终止，这也是签署《根特条约》，宣告"1812 年战争"（又称美国脱离英国统治的"第二次独立战争"）正式结束那一年。

《大觉醒时代：2012 年的秘密》
格雷格·布雷登【美】

Printed on Conqueror Texture Laid Oyster 120g
印制于阁古纹路条纹 奶白 120 克

12 月 10-11 日，据《东方早报（博客、微博）》报道，10 年来最清晰的一次月全食，晚间到周日凌晨夜空晴朗少云，十分有利于月全食的观测。20 时 45 分，月全食进入初亏，也是最佳观测时间的开始。（初亏 10 号晚 20: 46，食甚 22: 32，复圆 11 日凌晨 0: 19）……

1913 年第四个 33 年周期在第一次世界大战的前夕终止。10 月 10 日，威尔逊总统在华盛顿按下一个按钮，引爆了 4,000 英里之外的八吨炸药，炸开了巴拿马运河的最后一段河段，从此贯通了位于中美洲的大西洋和太平洋海域。1913 年象征着工业扩张时代一个周期的结束，亨利。福特的汽车装配线就是在这个周期中成为了一个国际标志。1945 年第五个 33 年周期结束时，美国在崔尼蒂 （Trinity）试验基地成功引爆第一颗原子弹，从此使人类进入了原子时代。

《大觉醒时代：2012 年的秘密》/ 格雷格·布雷登【美】

x : //@ xx :

!!!

……

9 廿六 Sunday | 10 廿七 Monday | 11 廿八 Tuesday | 12 廿九 Wednesday | 13 11月大 Thursday | 14 初二 Friday | 15 初三 Saturday | 16 初四 Sunday

佳作奖

中央美术学院

1 陈冠旭
《市井话集》
2 罗璐
《肆零叁陆》

汕头大学长江艺术与设计学院

3 陈博
《查令十字街 84 号》

江南大学设计学院

4 杨九洲
《微物观》

中国美术学院上海设计学院

5 杨昱帆
《须臾映社》

汕头大学长江艺术与设计学院

6 苏敏
《查令十字街 84 号》
7 项美珊
《查令十字街 84 号》

中央美术学院

8 赵瑞熙（韩国留学生）
《陌读》

江汉大学设计学院

9 张妙琦
《重生》

江南大学设计学院

10 林楠
《干净的错误》

江汉大学设计学院

11 董轩
《二重洗脑》

华侨大学

12 高冉
《二十岁》

市井话集

作品信息

姓名　陈冠旭
作品名　《市井话集》
学校　中央美术学院
指导老师　费俊

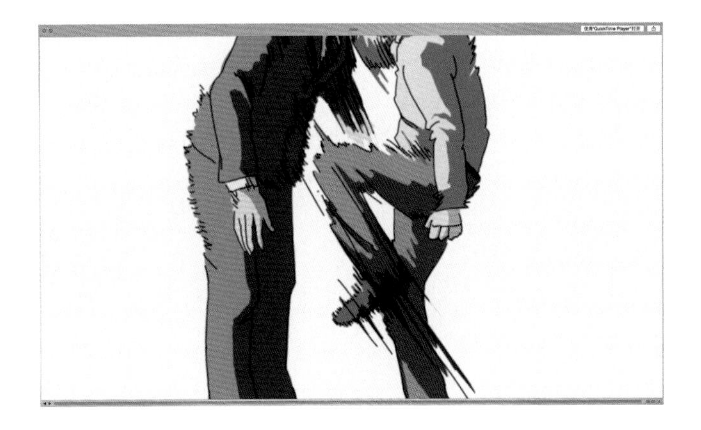

作品信息

姓名　　　罗璐
作品名　　《肆零叁陆》
学校　　　中央美术学院
指导老师　宋协伟

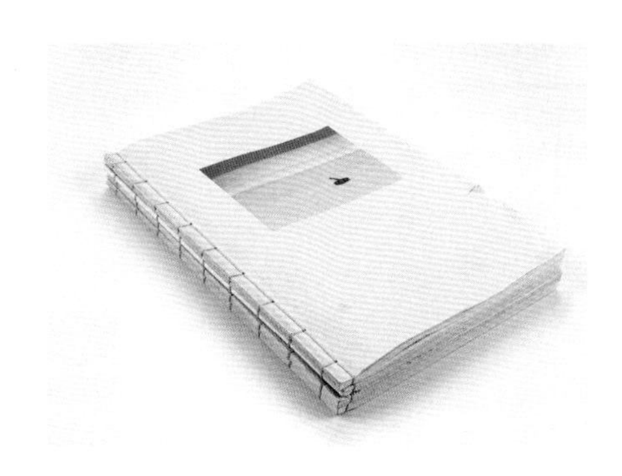

设计说明：今年毕业设计工作室主题为：女性。而基于我而言，父权制下的话语霸权让我与其他同样作为“女儿”这样一个角色的人有些不同。像是找准坐标，然后按钉直至按满，我与父亲的沟通以一种目的性、强制性的方式出现，潜移默化地影响着我看待事物的方式。大多数人看来，女性在两性中属弱势，更容易受到伤害。如同纸质中的宣纸一样，易皱易损，但是它积攒到一定数量变成一沓宣纸的时候，哪怕是图钉也很难按穿它们，可能第一张已经被拉扯破损，布满针眼，看不出什么形态，但可能在最后一张纸上却一个针眼也没留下。当人生的厚度增加，什么问题翻过这一页就又都好了起来。通过我自身跟父亲的关系引申出当今父权社会下父女关系的发展，是否应该用更加婉转可调节的方式，而不是如同板上钉钉一样绝对和强制。展出的四本书分别是设计叙述，过程展示，以按钉方式完成的画。

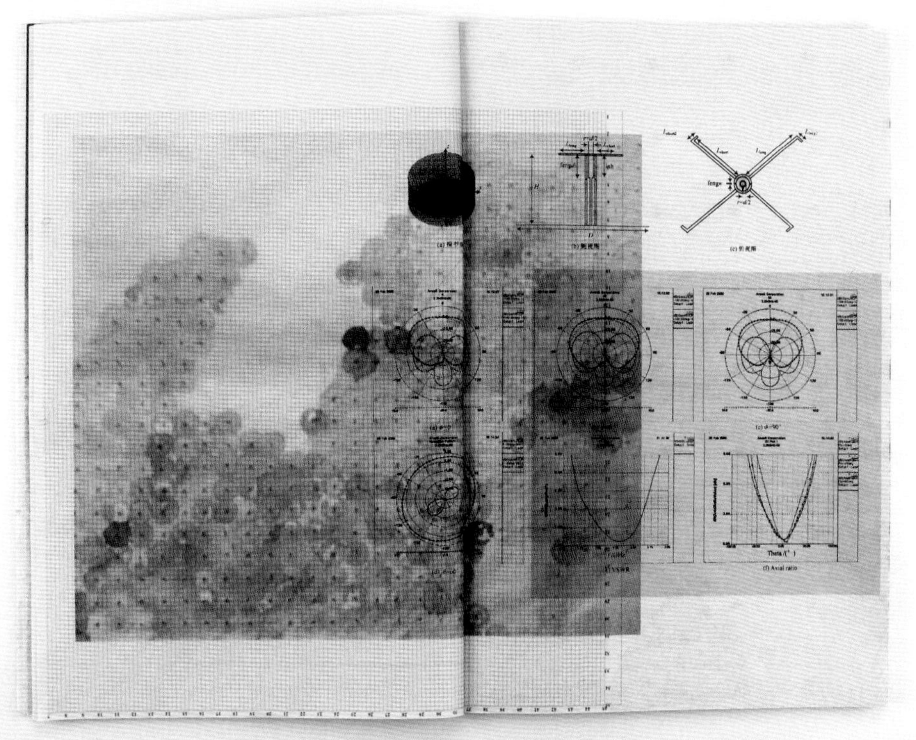

3　　查令十字街 84 号

作品信息

姓名　陈博
作品名　《查令十字街 84 号》
学校　汕头大学长江艺术与设计学院
指导老师　吕敬人

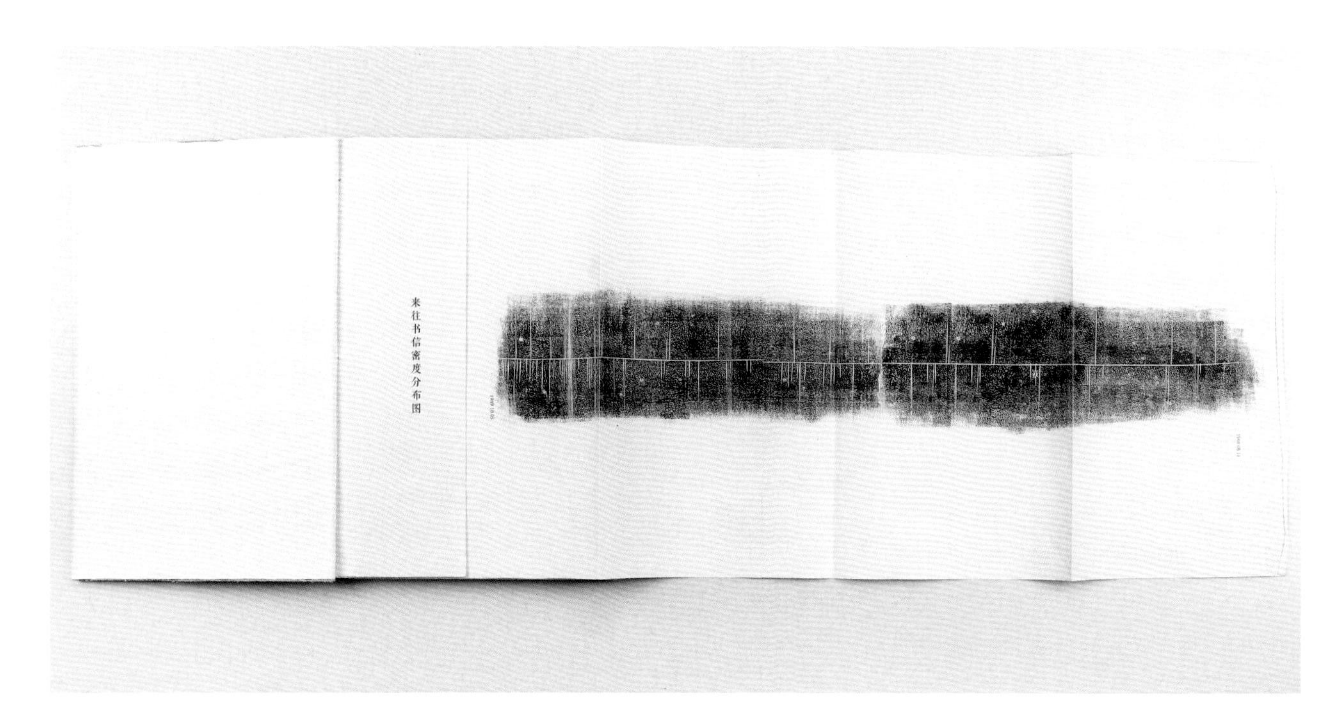

Book
Design
2015
17

4 微物观

作品信息

姓名　杨九洲
作品名　《微物观》
学校　江南大学设计学院
指导老师　朱文涛

设计说明：书籍设计的内容上，主要以自然界微小的昆虫为主体。描述在它们不同的日常生活习性、特征中体现的人类世界宏观规律：竞争—合作，无序—有序，掠夺—正义……形式上，通过折叠遮住部分页面内容，有意减少阅读的可读性，完整的页面并不能直接看到，强调的是：那些或显而易见却微小到经常被忽视的事物，需要我们用心去观察，感受当下，发现隐藏在其中深奥的简约。

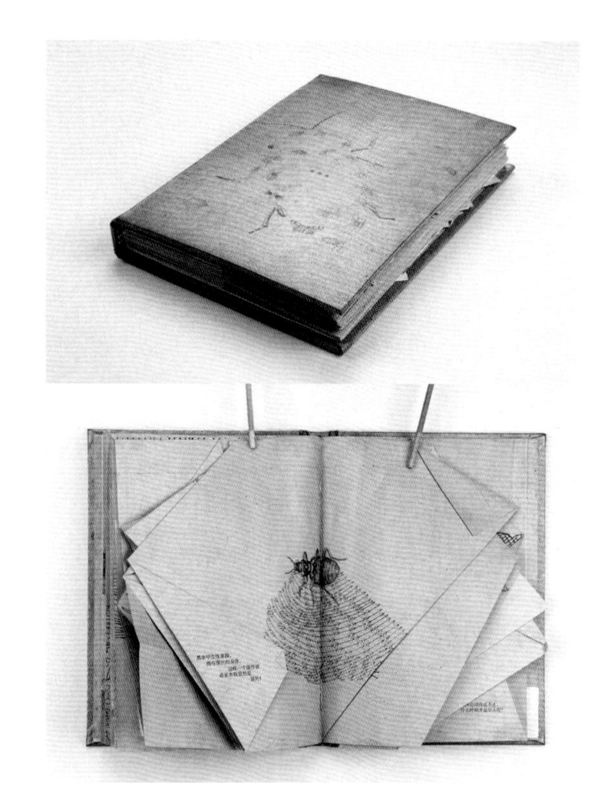

5　须臾映社

作品信息

姓名　杨昱帆
作品名　《须臾映社》
学校　中国美术学院上海设计学院
指导老师　丁蔚、廖巍、孔莉莉

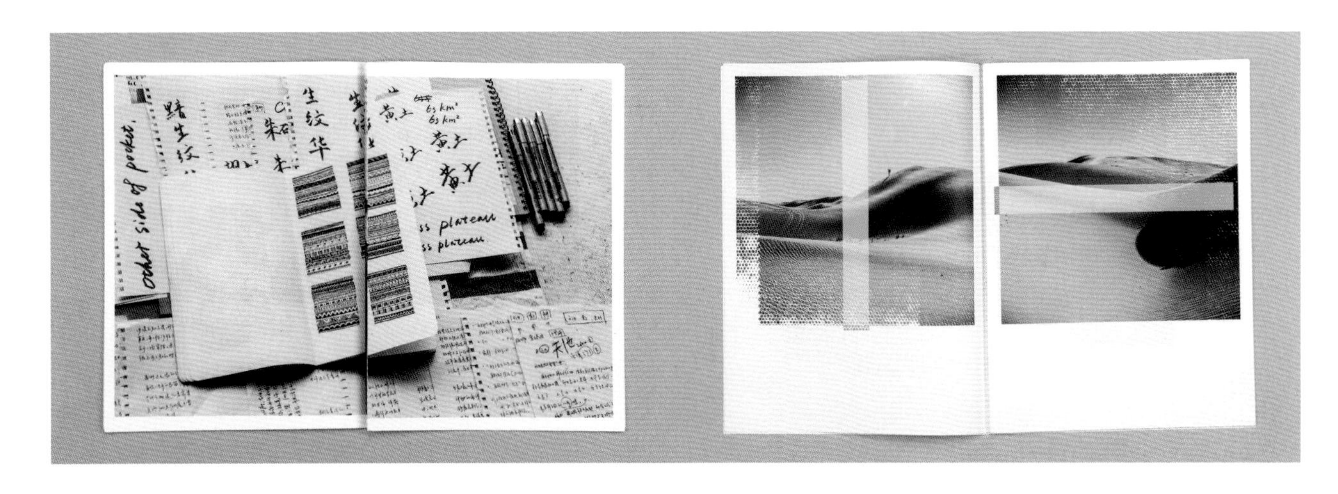

Book
Design
2015
17

查令十字街 84 号

作品信息

姓名　　　苏敏
作品名　　《查令十字街 84 号》
学校　　　汕头大学长江设计与艺术学院
指导老师　蔡奇真

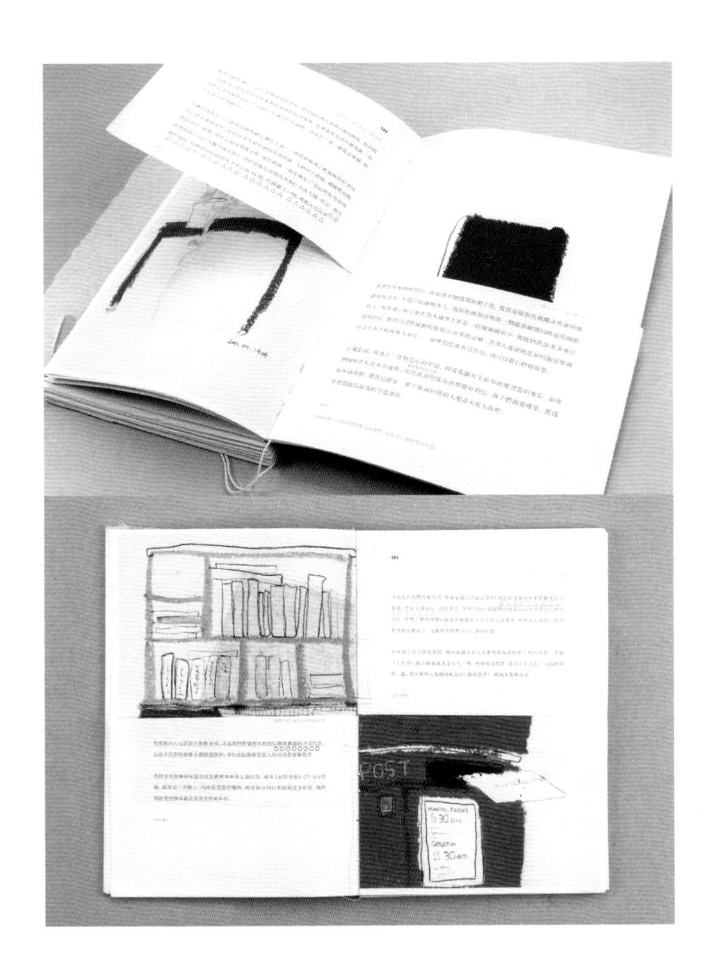

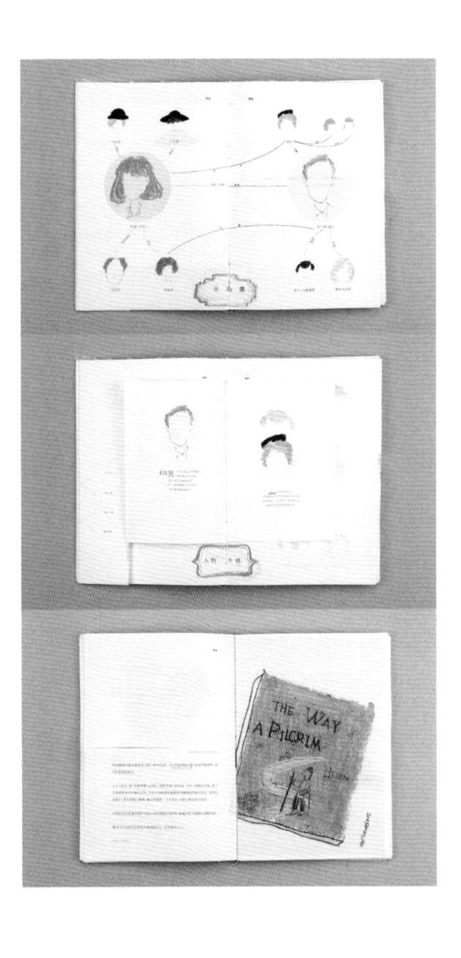

7 **查令十字街 84 号**

作品信息

姓名	项美珊
作品名	《查令十字街 84 号》
学校	汕头大学长江设计与艺术学院
指导老师	吴勇

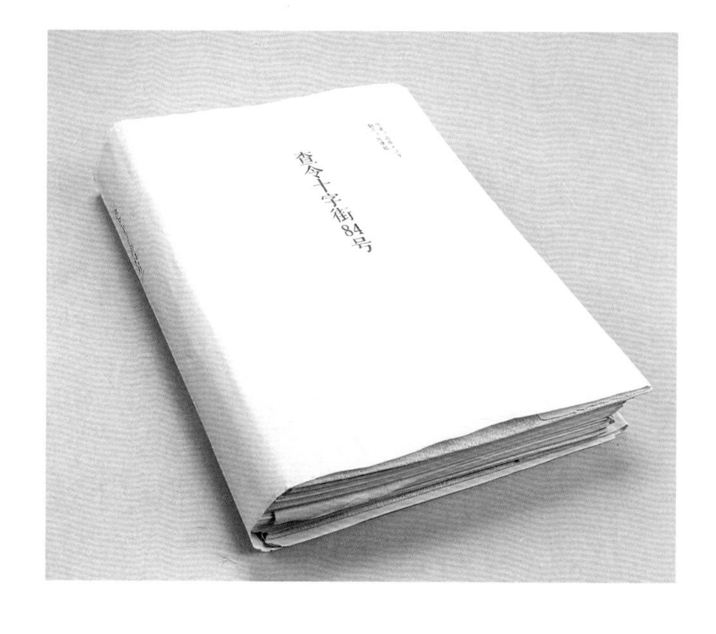

陌读

作品信息

姓名　　　赵瑞熙（韩国留学生）
作品名　　《陌读》
学校　　　中央美术学院
指导老师　宋协伟

设计说明：我们对陌生人既有好奇心又有防备心，有时陌生人比熟悉人给我们更多新的灵感和交流信息。作品来自本人在留学过程中跟陌生人所经历的日常生活。我采访了生活中遇见的陌生人，通过报纸作为媒介整理编辑，所收集到的陌生人各自的故事。

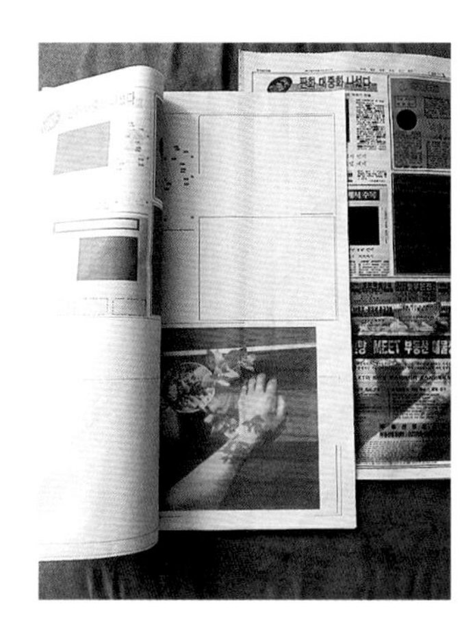

9 重生

作品信息

姓名 张妙琦
作品名 《重生》
学校 江汉大学设计学院

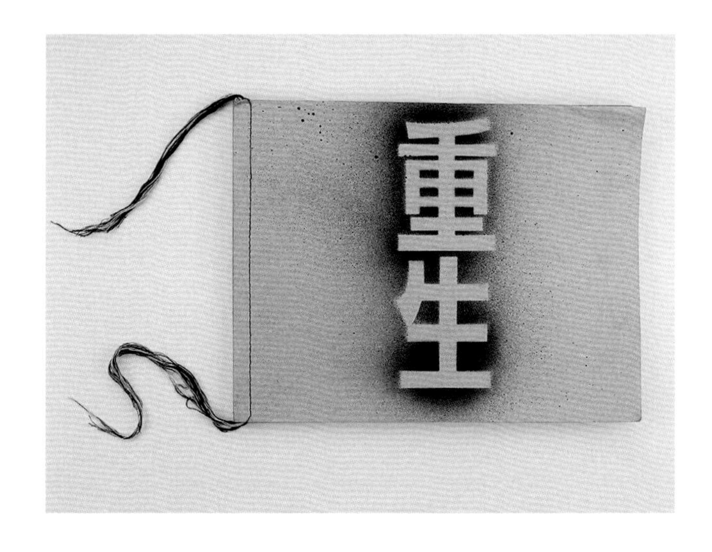

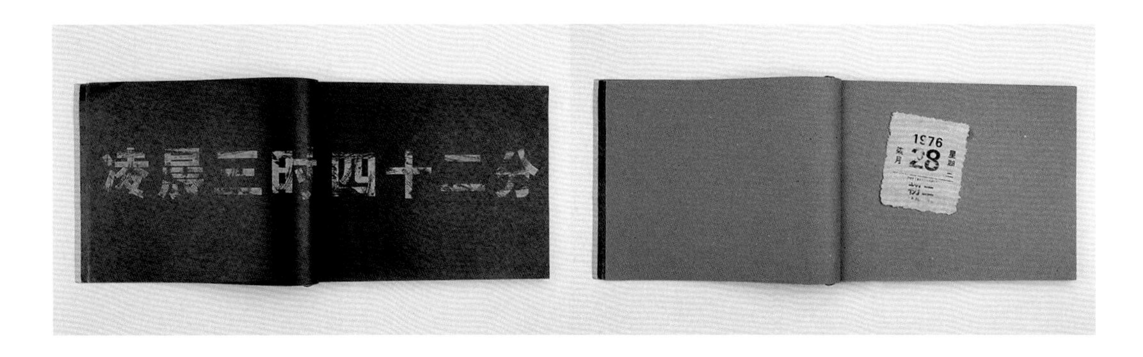

干净的错误

作品信息

姓名　　林楠
作品名　《干净的错误》
学校　　江南大学设计学院
指导老师　姜靓

设计说明： 对《干净的错误》进行再设计，整本书就贯彻“干净的错误”这个主题，借鉴古代大开本小版心的版式。用极脏的外皮与洁净的内页形成鲜明的对比。全部用铅笔涂抹而成的封皮，会在打开书的同时将读者的手弄脏，所以在翻阅内页的同时也会将洁净的内页污染。在原本大面积素雅的白色上留下灰黑色的污迹，让人的心里是非常不舒服的。内页越整洁对比反差就越强烈。随着阅读次数的增加，内页会越来越脏并且杂乱无章。这样对比自然就更加强烈，让人不舍。

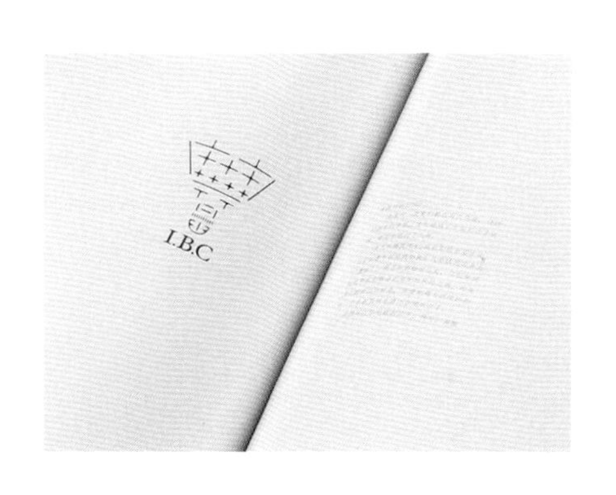

11 二重洗脑

作品信息

姓名 董轩
作品名 《二重洗脑》
学校 江汉大学设计学院
指导 平面教研室

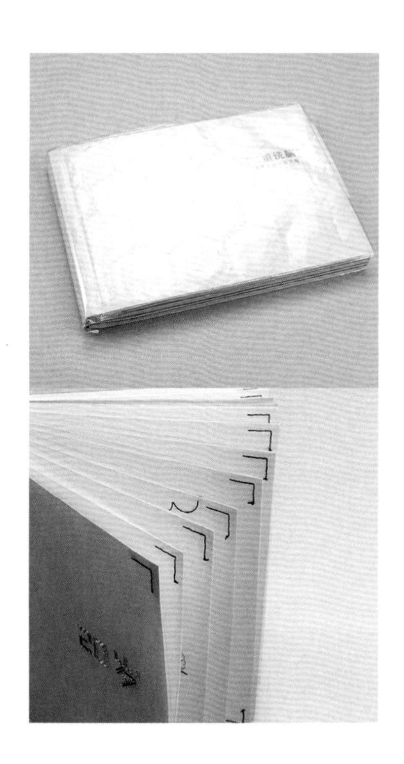

12 二十岁

作品信息

姓名　　高冉
作品名　《二十岁》
学校　　华侨大学
指导老师　赵炎龙

设计说明：《二十岁》这本书的插图全部是用线来缝制的，它预示着有些时光虽然短暂，但是会在人的内心留下深深的印记，并且彩线的使用会给整本书带来很轻松活泼的感觉，也就代表着二十岁这个青春活力的年纪。书的内容是我读过的文章，写出了我内心的感受。也是对即将过去的二十岁的缅怀。

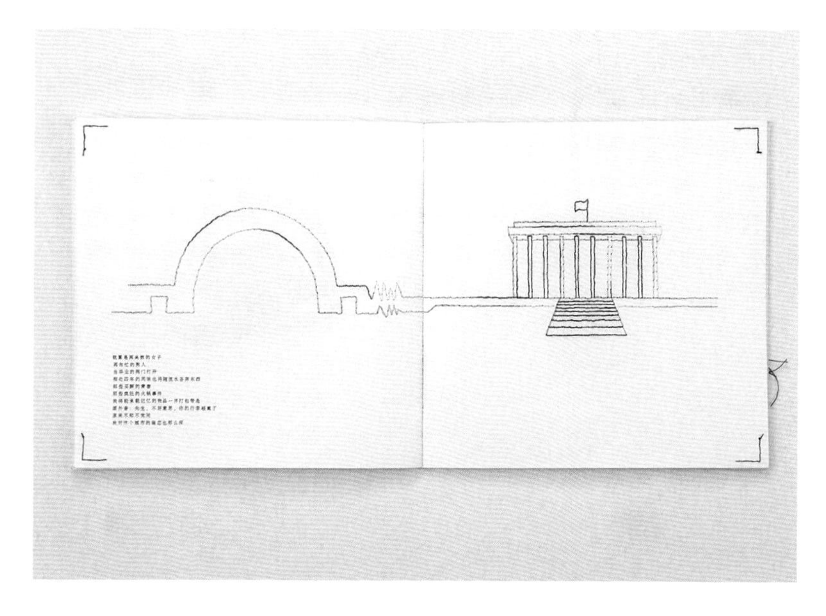

优秀奖

厦门理工学院

1 夏天宇《Tiny Corner》
2 刘丁《シロちゃんへの手紙》

中国美术学院上海设计学院

3 宣梦丹、华心怡、吴培菁《我们都有病》
4 傅正宇、周洋《狂人日记》

中国美术学院

5 潘启桓、黄希雯《钱塘夜话》

南京艺术学院

6 尹颖、于绪芳、朱静《陈之佛不完全设计编年史》
7 李培兰《闹着玩儿》
8 李铭鑫《采帛》
9 董青《形式的消解与构建》
10 陈雪莹《拓——四十二手眼》

汕头大学长江艺术与设计学院

11 陈亮《读谱》
12 赵梓翔《老赵和他的女朋友们》
13 高徐昕《单行道——立体地图》
14 蔡思哲《单行道》
15 邱燕丽《小王子》
16 吴妍蕾《守护乳房》

鲁迅美术学院大连校区

17 王吉辰《莲》

江南大学设计学院

18 陈婧《了不起的盖茨比》
19 郭心怡《看电影》
20 龙奕柯《江南大学设计学院本科课程履修手册》《江南大学设计学院本科教学人才培养手册》
21 刘雅诗《孤独六讲》

江苏第二师范学院

22 王杰《十面霾伏》

江汉大学设计学院

23 陈鹏《师说新语》
24 徐雅朦《迷惘》

吉林艺术学院

25 董丽欣、周新杰《听》

中央民族大学

26 杨阳《黑暗观光》
27 蒋欢欢《笔记·心迹》
28 韩杰《FPA 性格色彩入门》
29 韩璐《霾》

杭州师范大学

30 苏彬彬《浸染的蓝夹缬》

香港知专设计学院

31 颜遒鹦《七宗罪》
32 杨永春《查令十字街 84 号》

中央美术学院

33 王东琳、胡小妹《止痛帖(The Remedy)》
34 朱明月《还在吗？》
35 王伟鹏《中国传统中医养生》

1　Tiny Corner

作品信息

姓名　夏天宇
作品名　《Tiny Corner》
学校　厦门理工学院
指导老师　王珏

设计说明：《Tiny Corner》是以一个我喜欢的女生的微博内容编排的一本书，里面记录了这个女生的生活的一小部分，取名为Tiny Corner小角落，封面的设计为女生的英文名GEORGINA与随意涂鸦的拉长，需要平视才能看见GEORGINA的英文名。两个人相处需要相互尊重，将书代表这个女孩，表达希望平视尊重这个女孩而不是俯视地看这本书，内文的背景底纹选用了女生最爱的英文原版小说《爱丽丝梦游仙境》，也希望女孩一直保持美好的童心，内容是女孩2012—2014年的微博内文的时间排序，也从我的视角出发，从前到后，女生照片从一些碎片到多张完整照片，表达的是我从不认识这个女孩到些许了解她再到越来越了解她的过程。内文根据女生微博的内容进行了一些设计。

2　シロちゃんへの手紙

作品信息

姓名　刘丁
作品名　《シロちゃんへの手紙》
学校　厦门理工学院
指导老师　王珏

设计说明：シロ是一条狗，我唯一的朋友。借告白的方式给天国的シロ写一封信。虽然再也没机会寄出。每个人都有想要记住的东西，我希望自己能记住世界所有的罪恶、真实和不甘心。本书内容多为生活中的一些感悟和对自己这十年的反省。封套和封面都借鉴日本信封格式，封面缺失的部分是日文假名东西，寓意本书根本的主题——消失的东西。页码快速翻阅时会产生定格动画效果，一滴血滴在第一页，慢慢滴下来，在最后一页溅开。这是シロ在我眼前死去的过程，也是我的世界崩塌的过程。或许也是十年后重新找回自己的过程。纸张质感接近信纸以此靠近主题。最后封底的反面有小型的信封，每个读者都可以把自己想要记住的东西放进去。今天的痛苦总是会大于希望，明天也是，明天的希望却是昨天的痛苦给的，谁都有黑暗，但愿我们诚实，但愿这希望可以一直延续。

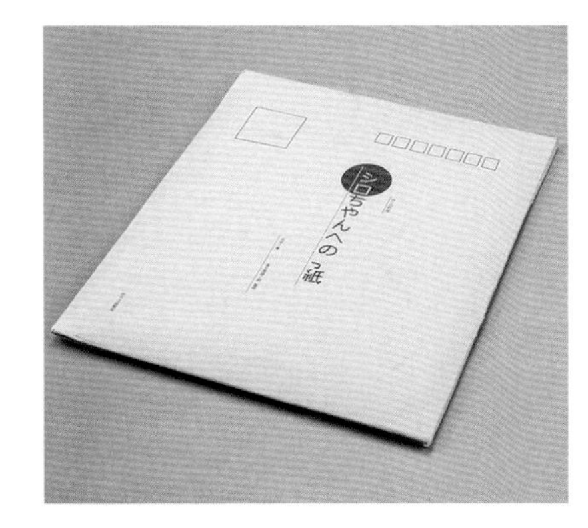

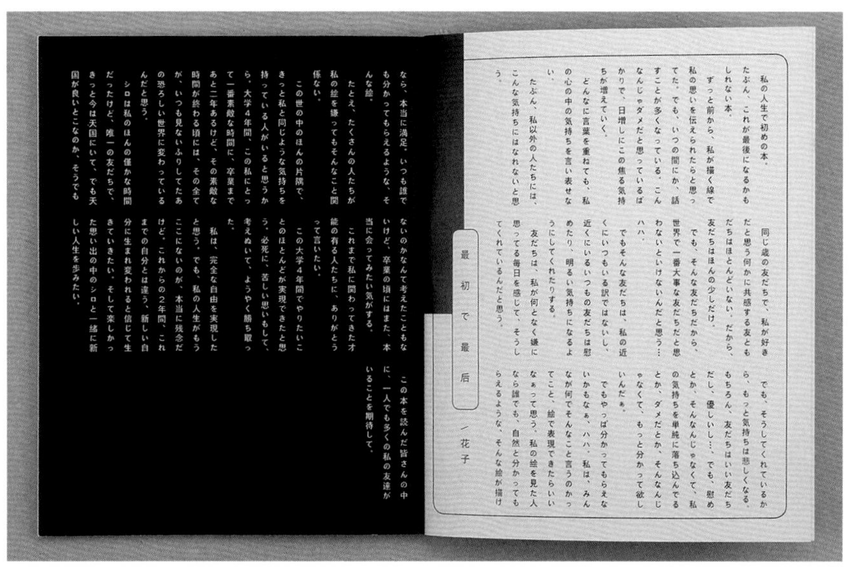

3

我们都有病

作品信息

姓名　宣梦丹、华心怡、吴培茜
作品名　《我们都有病》(6 本)
学校　中国美术学院上海设计学院
指导老师　罗玲霞、魏翌秋、丁蔚

设计说明：《我们都有病》主要体现了现代人身上常见的“病况”，也许这些病状不痛不痒，但是也会给人们带来或多或少的困扰。共包含了《拖延症》《二》《强迫症》《瘾》《孤毒》《阿兹海默症》六本。每本书分为三到四部分。第一部分仿照了真正看病的方式，通过挂号、看医生、开药等过程，展现真实的“患者”案例，并且采用了丝网印刷的方式。第二部分到第四部分主要是对这类病状的进一步阐述、防治方法及不同的表现形式。硫酸纸和环保纸的结合，硫酸纸具有一种洁净的病态感。特殊页采用法式折页的装订方式。装订为手工的线装。虽然总体的形式感是一样的，但是为了迎合每本书自身表达的内容，我们对于每本书的结构和排版都进行了不一样的设计，使读者可以更好地去体会和了解现代人的“疾病”。

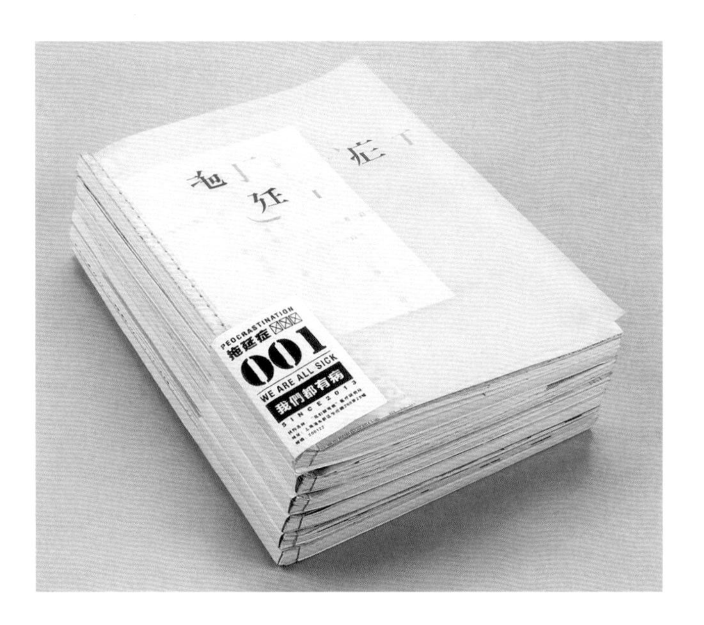

4

狂人日记

作品信息

姓名　傅正宇、周洋
作品名　《狂人日记》
学校　中国美术学院上海设计学院

设计说明：《狂人日记》是一本收录了“狂人”心理、图稿及行径的日记簿。书籍内容分成三部分：简单粗暴的插画、病态游离的散句、触目惊心的报道。而每一个章节都是从鲁迅的《狂人日记》原文原句中引申而来，以日记的风格叙写出这些一直在我们日常生活中发生着的是是非非。书籍色彩只用了蓝红白三色，高对比中突显醒目与复古。书籍边缘采用类法式折页的设计，造就了书无法完全关闭的状态，影射我们无法逃避和无视这些严肃的事实。整本书籍因多双开式翻阅设计，所以观阅时间较长，以使读者能在这有限的内容中一部分一部分地细细感受其中的黑色与病态。本书不为引起社会共鸣，而旨在告诉尚未步入社会的大学生：我们并不一定只能随着这社会的大流，为“早愈，赴某地候补矣”而忘记自己曾经作为“狂人”的思考。

5 钱塘夜话

作品信息

姓名　潘启桓、黄希雯
作品名　《钱塘夜话》
学校　中国美术学院

设计说明：《钱塘夜话》的作者袁先生用传统诗词的格式来写打油诗，以此调侃着当下的是是非非，这让我们找到一个适当的方向来设计本书，就是通过回顾范式转移时期民国装帧的线装平装横排竖排的挣扎与翻腾，来物化本书的文学脉络与文化传承。同时《钱塘夜话》充满了生活化与人情味的表达，对此我们通过模拟时间的积尘及强化生活的痕迹引起读者情感共鸣。

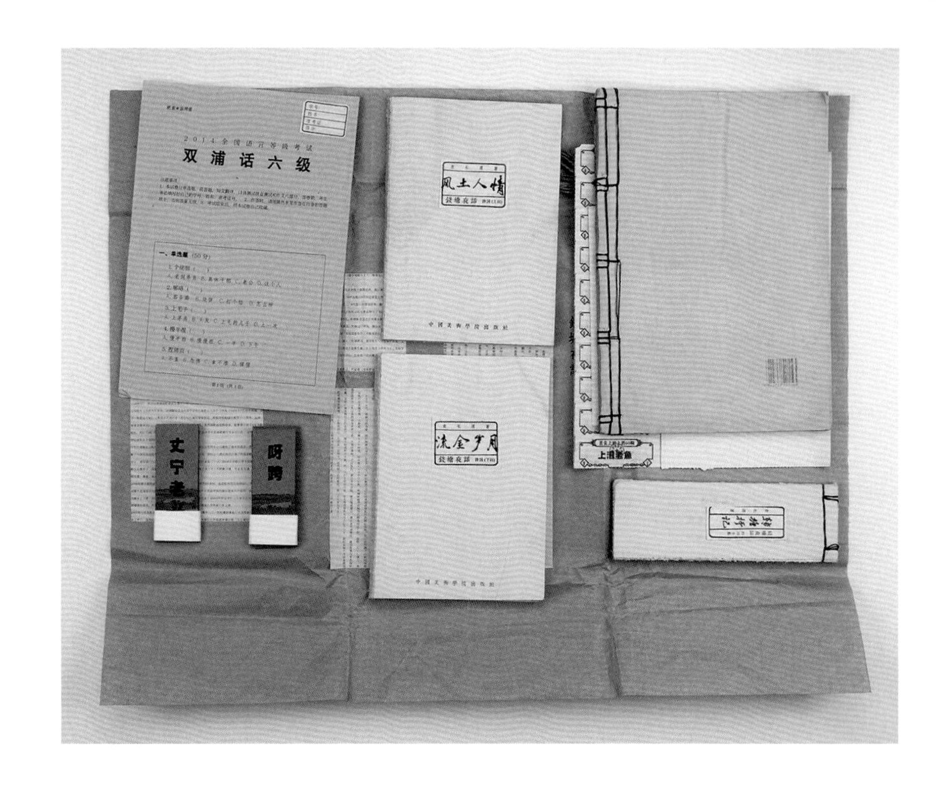

6 陈之佛不完全设计编年史

作品信息

姓名　尹颖、于绪芳、朱静
作品名　《陈之佛不完全设计编年史》
学校　南京艺术学院
指导老师　蒋杰、姚翔宇

设计说明：对于陈之佛先生，我们既熟悉又陌生。作为南京艺术学院的先师，我们常能在不同场合接触到他的信息。陌生的是，对于陈之佛"中国近现代书籍装帧艺术的拓荒者"这一身份，我们所有的想象却仅局限于若干论文和著作，而对于先生设计的精彩案例，所见却是凤毛麟角，总有管中窥豹的遗憾。这也是我们这一书籍创作的初衷——

7　闹着玩儿

作品信息

姓名　　李培兰
作品名　《闹着玩儿》
学校　　南京艺术学院
指导老师　谢燕淞

设计说明：这是一本回忆 20 世纪 80 年代、90 年代儿童游戏的书，书籍以夸张、互动的手法来唤起人们心中共鸣的同时，辅以趣味性的手法希望让人为之一笑。当我们回忆起童年趣事时应该是快乐的、轻松的，已经长大成人的我们应该是安静的，这也正是这本书带给读者的感觉。

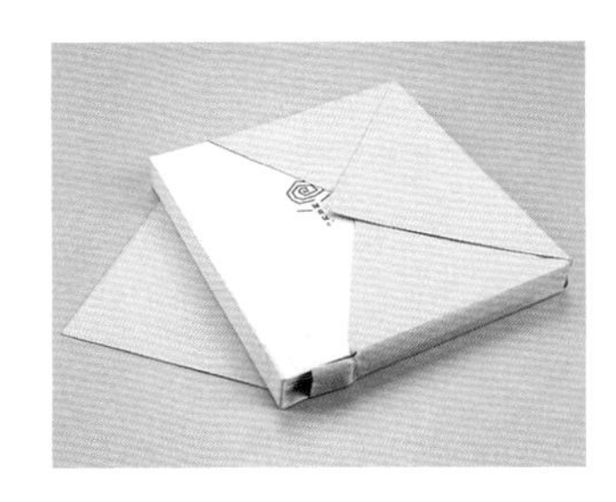

8　采帛

作品信息

姓名　　李铭鑫
作品名　《采帛》
学校　　南京艺术学院
指导老师　何方

设计说明：主题来源于一块精密的机械手表，由精准的走时和零部件的组合来体现设计美感。后期由小型机械延伸到大型手工机械，结合南京当地独特的非物质文化遗产——云锦，从而关注到云锦织机的无可替代性和重要性。设计为两部分，第一部分以海报的形式来体现古代手工机械的美；第二部分以书籍的形式将云锦织机的零部件拆分并重新组合，体现多元化与现代化的结合。

9　形式的消解与构建

作品信息

姓名　董青
作品名　《形式的消解与构建》
学校　南京艺术学院
指导老师　何方

设计说明：以中国传统水墨元素做创新形式，让我们发现其形式毁坏的同时也是在构建新的形式，过程的变化让人惊奇，这本书就是记录水墨消散的同时又在构建新的形式，书籍以线装形式，采用传统的宣纸，以凸显内容的新颖。

10　拓——四十二手眼

作品信息

姓名　陈雪莹
作品名　《拓——四十二手眼》
学校　南京艺术学院
指导老师　何方

设计说明：这本书籍设计运用了工程制图的晒图工艺为印刷媒介来传播佛教的精神文化信息，不是过度地使用传统的中国风，而是通过现代印刷工艺用一种更具有理性思维的设计方式来进行视觉设计和展示，让更多人能分享佛教文化给我们带来的禅意生活和简约有趣的视觉体验。

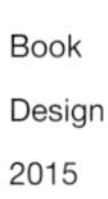

11 读谱

作品信息

姓名　　陈亮
作品名　《读谱》
学校　　汕头大学长江艺术与设计学院
指导老师　蔡奇真

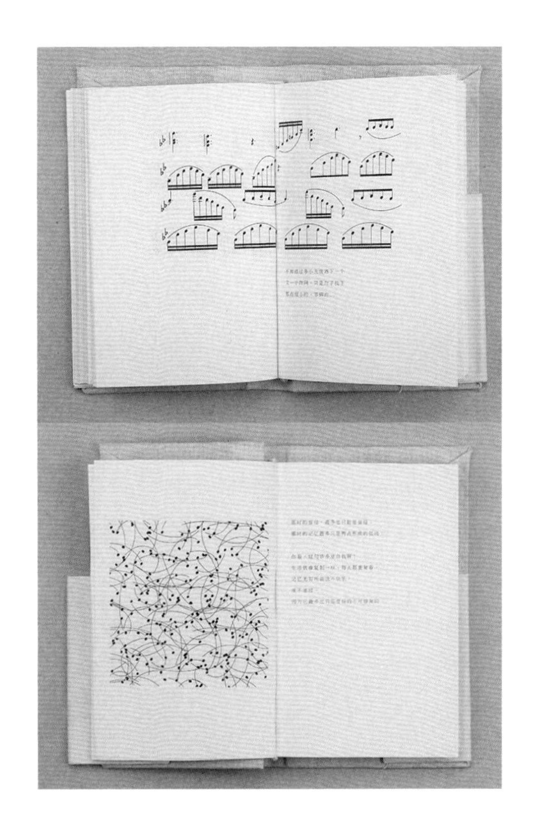

设计说明：这是我从枯燥无味而又重复的钢琴练习中，自娱自乐得出的一个小小的故事。是我以一个更为视觉的阅读方法编撰的散文集；在我看来，生活就像是一条蜿长的五线谱，有没有曾经的不经意，让你看成是电线、轨道、街巷、河流甚至是商场上的手扶电梯……我相信生活没有什么比起打破那些所谓经验、习惯更为有趣，至少你可以用自己的角度去看出另一个不同的世界。

12 老赵和他的女朋友们

作品信息

姓名　　赵梓翔
作品名　《老赵和他的女朋友们》
学校　　汕头大学长江艺术与设计学院
指导老师　郦亭亭

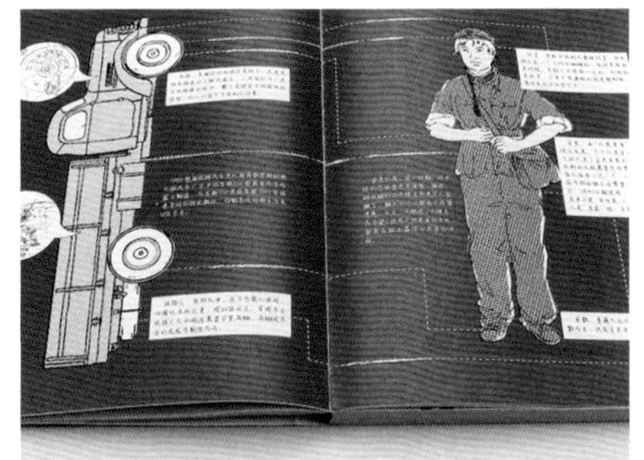

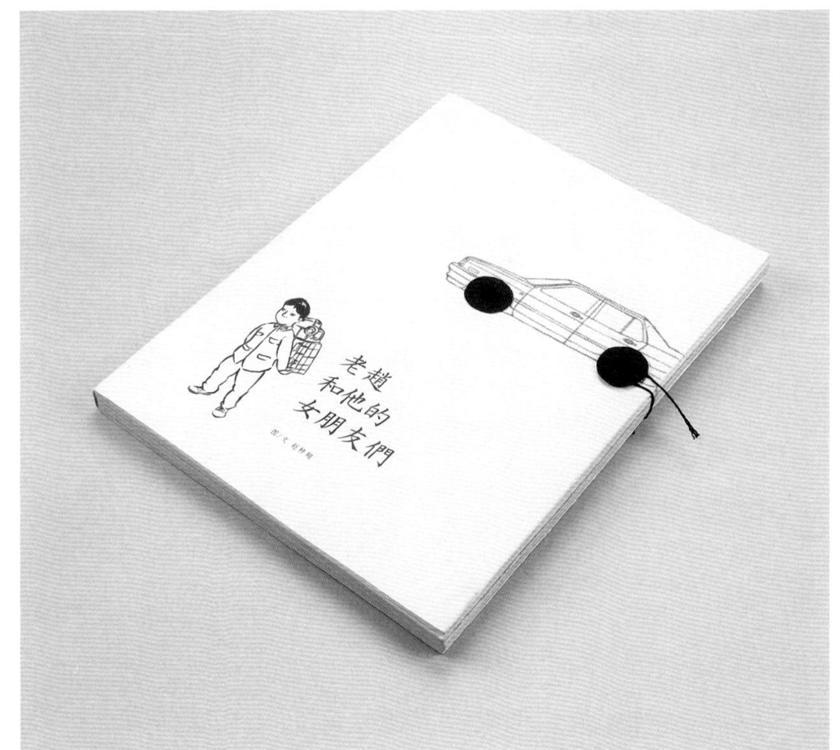

13 单行道——立体地图

作品信息

姓名 高徐昕
作品名 《单行道——立体地图》
学校 汕头大学长江艺术与设计学院
指导老师 蔡奇真

设计说明：我的作品是文学再版，本雅明的《单行道》，它是一本人生哲学性质的文学意象集。我的概念是立体地图。通过镂空、折叠、拼贴等方式使整本书立体，有层次感。以此表现本雅明意识流式的写作方式，发散、跳跃、随意，无关联性。整本书的装订方式是露背装再用经折装串联起来，铺开似一张地图，收拢成一本书。

14 单行道

作品信息

姓名 蔡思哲
作品名 《单行道》
学校 汕头大学长江艺术与设计学院
指导老师 蔡奇真

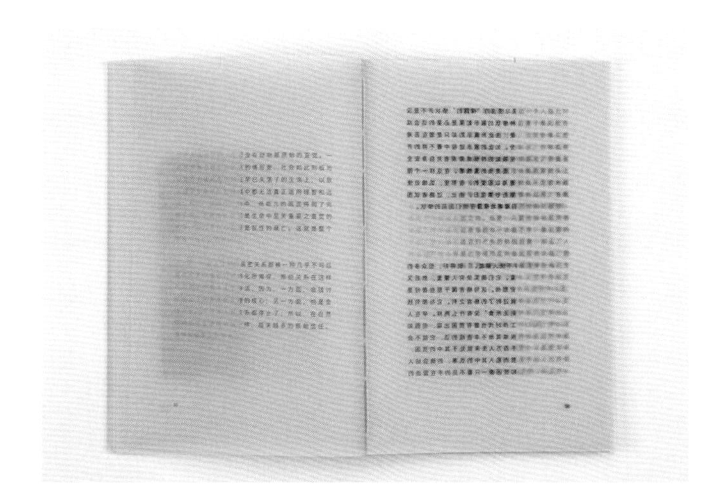

设计说明：以梦的概念来诠释单行道这本书，运用透明度高的纸来营造一个虚幻的梦，由一开始浅淡模糊到破碎、重叠都在书里体现。正因为透明度高所以只能单向阅读，这也正与《单行道》契合。里面还运用了一些前后对位的排列打印方法，一页纸由前后打印来形成同一个画面，看似在一面其实是两个不同的空间结合，与梦的矛盾和统一性又是相吻合的。整本书运用了虚实、远近、对比的手法来表达梦，让这本来就极具哲学、需要有一定人生阅历的读者才能理解的书变得更加神秘而又那么有亲身体验的感觉。以单向的梦这个概念贯穿整本书直到醒来，人生往往就像一场梦。

15 小王子

作品信息

姓名 邱燕丽
作品名 《小王子》
学校 汕头大学长江艺术与设计学院
指导老师 蔡奇真

设计说明：做一本只属于“我”自己的《小王子》，将文本出现的人、物专有名词去掉，让读者参与书籍的编辑，写下他想写的人、物，形成一本只属于读者的、独一无二的书。就像小王子每一个建立了关系的朋友，对他来说都是独一无二的。我重新将《小王子》编排成四部分，分别是“小王子与飞行员”“小王子与玫瑰”“小王子在旅途”“小王子在地球”，分别用白、红、黑、蓝对应其发生的故事。

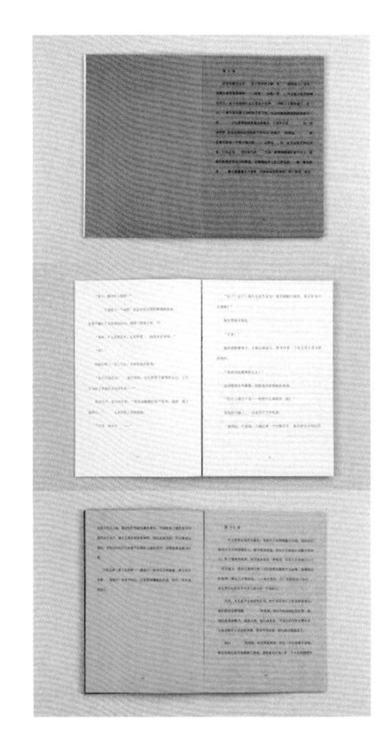

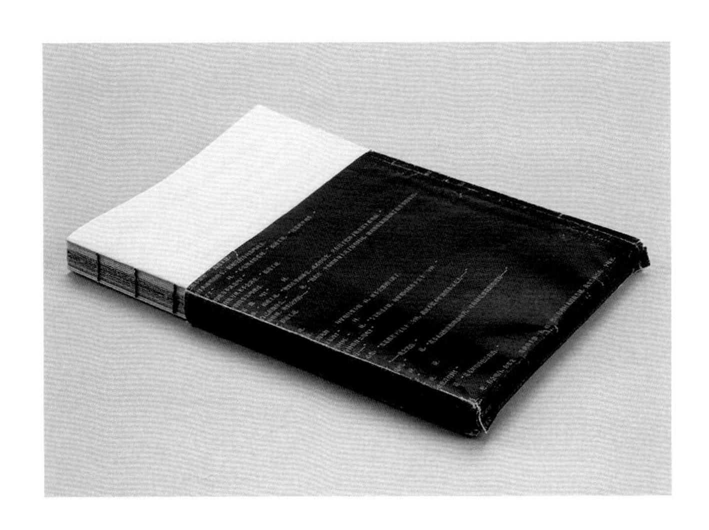

16 守护乳房

作品信息

姓名 吴妍蕾
作品名 《守护乳房》
学校 汕头大学长江艺术与设计学院
指导老师 吴勇

17 **莲**

作品信息

姓名　王吉辰
作品名　《莲》
学校　鲁迅美术学院大连校区
指导老师　张东明、李嵘

设计说明：以“莲”字为主线，表现落寞的莲蓬的坚韧和孤独。人人都知莲的出淤泥而不染，濯清涟而不妖。但却忘记了，枯朽凋零的莲蓬最后却是化作了淤泥。书籍整体设计中，采用了古典的线装与不规则的线相结合，为了体现莲的独特与个性，排版上用了水墨与线条、图形相结合，体现了莲的时代感和变化性，整体体现莲的孰能浊以静之徐清的特别精神。

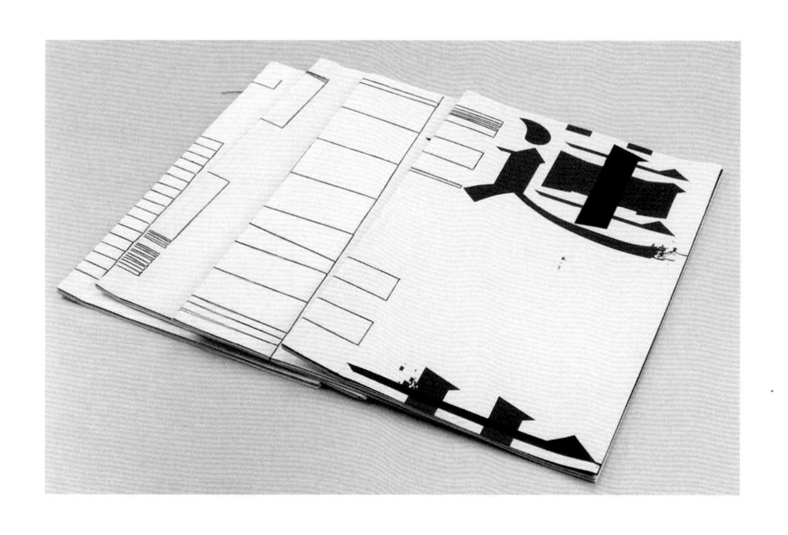

18 **了不起的盖茨比**

作品信息

姓名　陈婧
作品名　《了不起的盖茨比》
学校　江南大学设计学院
指导老师　姜靓

设计说明：这本书的设计主要是寻找一种落差感，视觉与嗅觉上的落差感。排版是根据内容情节起伏而发生变化，给人以视觉上的带入。文字在版面上的数量象征着主人公的渴求和希望，从开始的一行字到高潮的满版再外扩再满版最后随着主人公死亡版心缩小到消失。在书的翻阅中内容高潮部分散发淡香到结尾从香味变成焦味，而页面四周也随着主人公希望的破灭逐渐烧焦。整本书给人的感觉正如书上写到的一句话“于是我们奋力前进，却如同逆水行舟，注定要不停地退回过去”。

19

看电影

作品信息

姓名　　郭心怡
作品名　《看电影》
学校　　江南大学设计学院
指导老师　姜靓

设计说明：全书共收录 23 篇影评及随笔，每一篇影评页面边缘裁剪不同，可从上、下、右三个方向外露的页码中快速翻阅到要查看的页面。目录页面指示位于上部分的篇目可从上边缘找到，下部分的篇目可从下边缘找到，侧部分的篇目可从右边缘找到。光滑的米白色纸张与纤细的明体字体构成一种宁静的书籍氛围，适宜书籍内容的阅读。

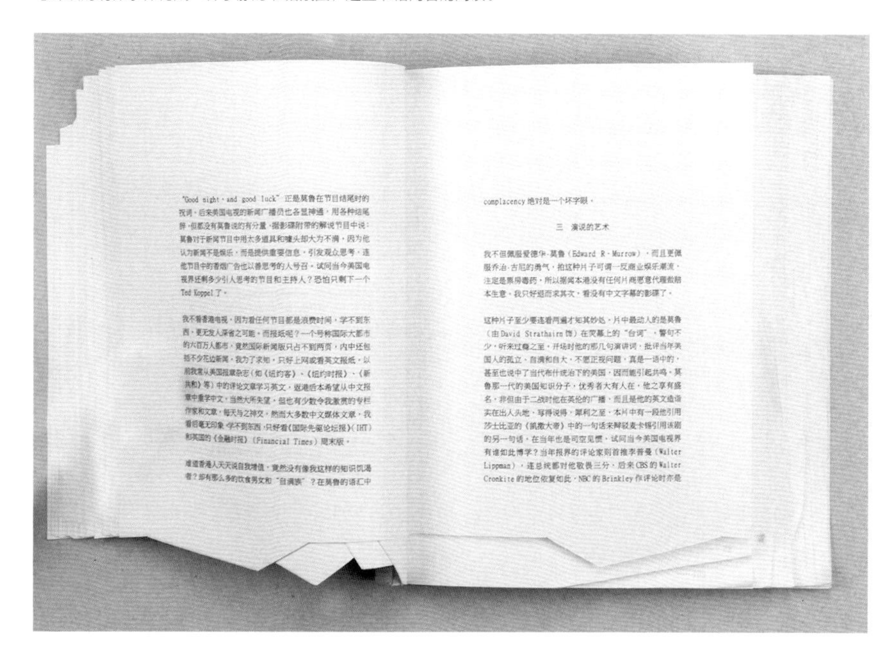

20

江南大学设计学院本科课程履修手册
江南大学设计学院本科教学人才培养手册

作品信息

姓名　　龙奕柯
作品名　《江南大学设计学院本科课程履修手册》
　　　　《江南大学设计学院本科教学人才培养手册》
学校　　江南大学设计学院
指导老师　姜靓、魏洁

设计说明：本设计通过上下两册书籍整体设计，从阅读性、视觉美感等方面准确向外界传达学院的教学理念，并与印刷厂不断沟通协调最终实现批量印刷。上册（黑色）为对外宣传手册，从视觉的版式，到信息的合理读取，再到立体的触感呈现，使学院教学理念以可视化的方式完美展现。下册（白色）为对内实用手册，从五感的角度全方位立体地诠释学院的理念与气质，融功能、美感为一体。

21 **孤独六讲**

作品信息

姓名　刘雅诗
作品名　《孤独六讲》
学校　江南大学设计学院
指导老师　朱文涛

设计说明：一、当人开始解读自己内心的时候，就是面对孤独的开始；内心深处希望别人听到自己的声音，因为每个人都是孤独的；越来越孤独的人类，越来越孤独的社会。二、寂寞，等于向外寻求回应而不能，就觉得这个世界再没能回应；孤独，等于向外寻求回应而反观自身，向内寻求回应而圆满。三、根据自身一人在外生活学习所感受的东西和接触的事物而对“孤独”所产生的感触和看法。四、无意间阅读《孤独六讲》一书有所启发，希望能够把作者所理解的孤独和我自身所理解的孤独相互结合和渗透分析，从个人心理和生理上的孤独延伸到社会上所隐藏的孤独现状。无论是情欲、语言、革命、思维、伦理还是暴力上的孤独，都是一种孤独，但是这么多孤独存在着，也因而造成了社会上大大小小的问题。

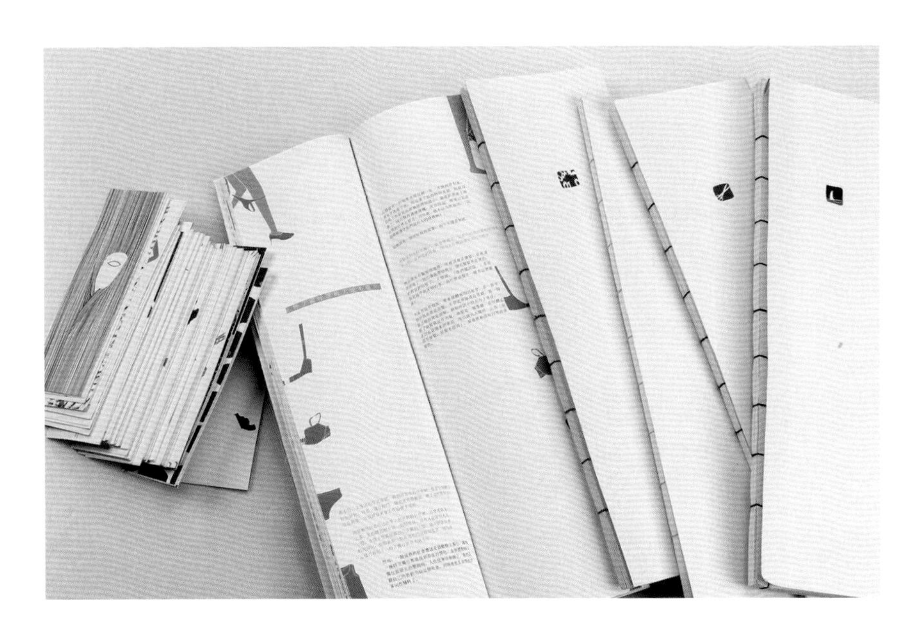

22 **十面霾伏**

作品信息

姓名　王杰
作品名　《十面霾伏》
学校　江苏第二师范学院
指导老师　路明

设计说明：灵感来源：开始的开始，没有雾霾的时候，我们的世界是透明的。慢慢地，雾来了，再接着，霾来了。我们的世界不再那么透明了，慢慢地模糊了，不可见了……最后的最后，我们人类是否会因为雾霾而灭绝？颗粒物作为线索贯穿整本书，书从开始是白的，象征着世界开始是透明的，越往后面颗粒物越多，到最后整页都充满颗粒物直接变黑了，字也慢慢地模糊，最后看不见了。如果我们人类还不爱护大自然，最后，我们会被雾霾吞噬吗？

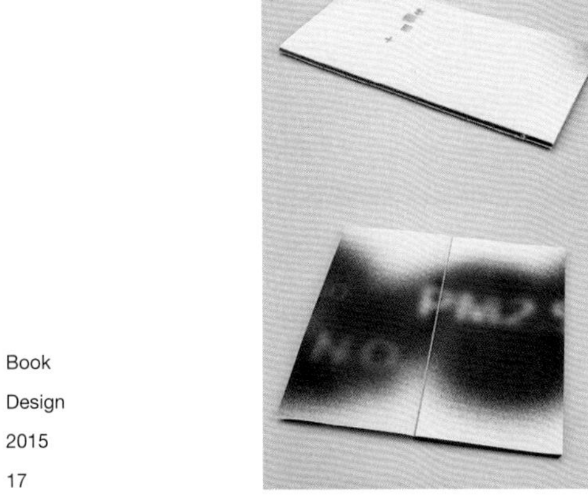

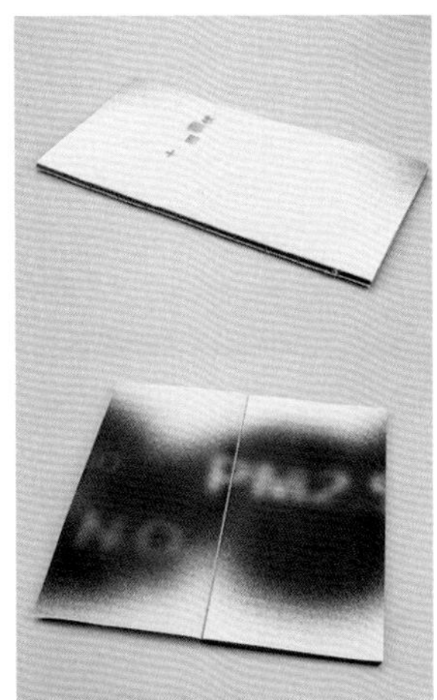

23 师说新语

作品信息

姓名 陈鹏
作品名 《师说新语》
学校 江汉大学设计学院

24 迷惘

作品信息

姓名 徐雅朦
作品名 《迷惘》
学校 江汉大学设计学院

25 听

作品信息

姓名 董丽欣、周新杰
作品名 《听》
学校 吉林艺术学院
指导老师 郭昱峰

设计说明：这本书讲述的是一曲古代音乐，是根据乐曲的节奏用红线和图形表现出来的。仅仅是自己的所感所想，全书分为三部分，分别采用不同材质的纸，根据不同的音乐节奏所描绘的图形也不同。古代音乐不只是一种听觉感受，还是一种视觉、语言和触觉上的感受。

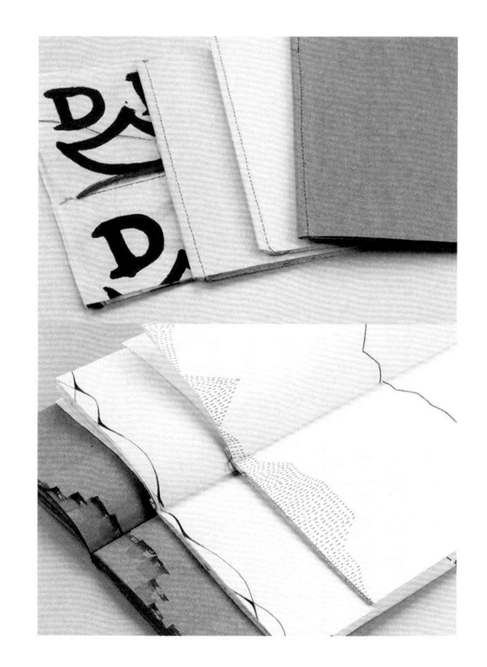

26 黑暗观光

作品信息

姓名 杨阳
作品名 《黑暗观光》
学校 中央民族大学
指导老师 张志伟

设计说明：黑暗观光，又称黑色旅游，或悲情旅游，意指参访地点曾经发生过死亡、灾难、邪恶、残暴屠杀等黑暗事件的旅游活动。本书通过简单的图片与文字相结合的方式介绍各个“黑暗地点”。

27 笔记·心迹

作品信息

姓名　　蒋欢欢
作品名　《笔记·心迹》
学校　　中央民族大学
指导老师　张志伟

设计说明：俗话说“字如其人”，本书就是以此为基点，从各处收集了各种类型人的笔迹，进行了分析，也是对人类个性的一种探索，从各式各样的笔迹中能看到我们每个人的独特之处。该书采用了手写的方式，目的在于营造一种亲切、怀旧之感。且用不同的颜色来代表不同的个性，并贯穿始终，给人一种整体的感觉。封面的字迹似有非有，给人以想象空间，也暗示了人心的捉摸不透。

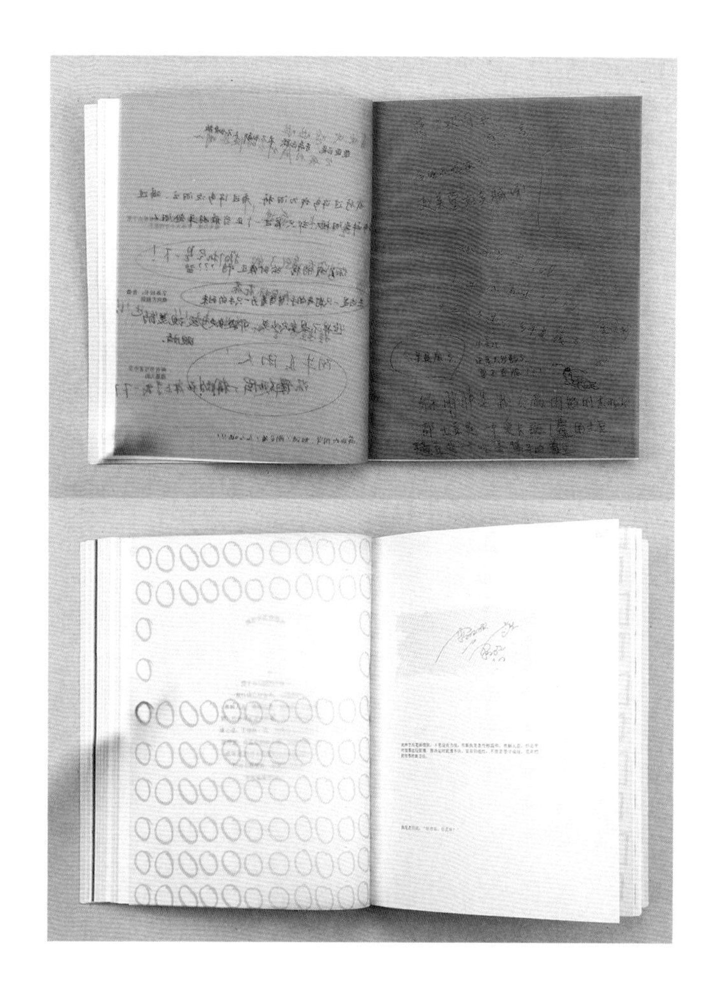

28 FPA 性格色彩入门

作品信息

姓名　　韩杰
作品名　《FPA 性格色彩入门》
学校　　中央民族大学
指导老师　张志伟

设计说明：从性格色彩的角度来看人可以分为红、黄、蓝、绿四种性格色彩，人的性格色彩其实在小的时候就已经确定拥有一种，由于我们每个人的成长环境有所不同，长大以后会出现两种或者多种性格色彩混合的现象，也就是拥有多种性格色彩，这是我设计这本书的灵感来源。我把书与魔方结合，用四个面分别代表四种性格色彩，还有黑白两色是性格测试以及性格解读，每个性格色彩都分为 4 本优势、4 本过当和 1 本目录，总共 54 本书也是魔方 54 个面，当魔方被拧动后颜色就会混合，混合后每个面就会拥有两种或两种以上的颜色，这就是我所想表现的性格色彩变化。

29 霾

作品信息

姓名 韩璐
作品名 《霾》
学校 中央民族大学
指导老师 张志伟

设计说明：《霾》是我在两周书籍设计课上的作品，当我受到北京雾霾天气影响的时候，我就想做一个关于霾的作品，来让我们认识霾，以便更好地防治霾，保护我们赖以生存的环境。霾是一种天气现象，霾的天气下我们的视线会受到污染颗粒的影响，我们看见的东西都是模糊的。我围绕这一现象，将内容的文字通过遮罩、打散等方式进行排版设计，封面设计是将霾的英文单词“haze”的字母拼成汉字的“霾”。字母散落在汉字的周围形成跟雾霾现象类似的“污染颗粒”，书的外套我采用生产口罩的原材料，附在封面上让雾霾的感觉更加强烈。我想通过这种视觉的感观来警示我们保护我们的大气环境。

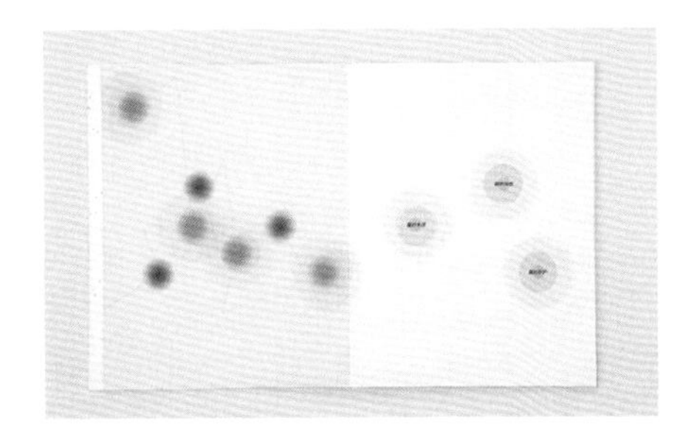

30 浸染的蓝夹缬

作品信息

姓名 苏彬彬
作品名 《浸染的蓝夹缬》
学校 杭州师范大学
指导老师 朱珺

设计说明：该作品定义为夹缬的科普读物，主要以插图与文字结合的方式表达夹缬这一印染技术的概况及特殊的制作工艺。书籍采用仿古书籍装帧形式，色调为蓝白，靛青蓝从夹缬染料中提取；黄白竖纹特种纸则体现夹缬土织布的质感。书中图形元素从制作工艺中提取打散并整合，大标题及主要图案增加了染料在布上渗开的纹理效果，并且贯穿整个作品，同时老宋体字体的排版、线装的手法和线描的图解增加了夹缬这种古老工艺的神秘感。封面对称的夹缬两字标题的设计，取自夹缬雕花板的外形，底纹是土织布纹理的放大，封底与封面相类似，简洁概括，使作品更具统一性。

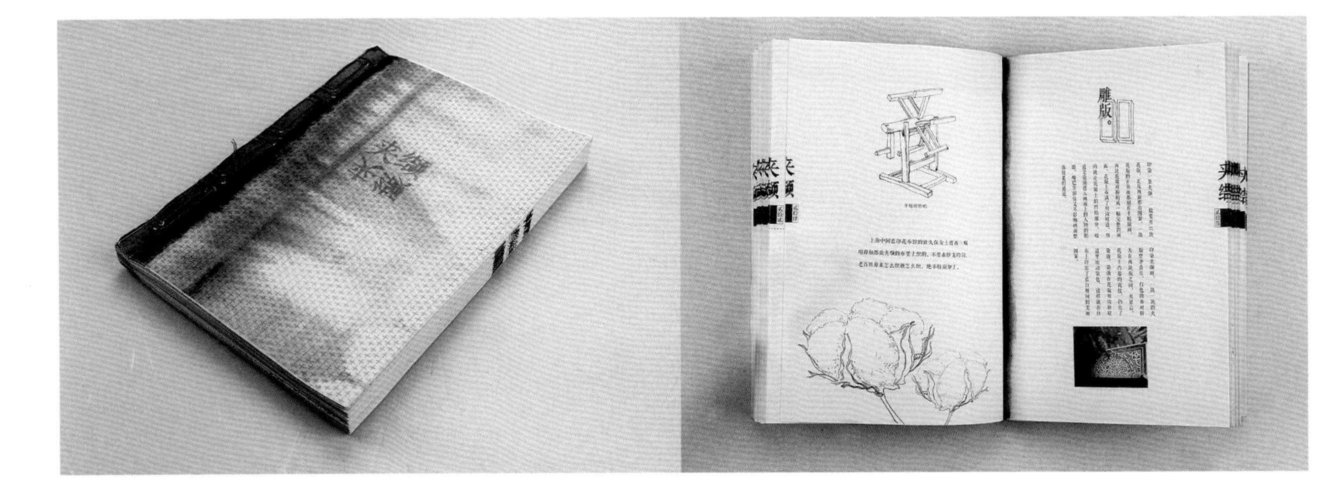

31 七宗罪

作品信息

姓名 颜遒鹦
作品名 《七宗罪》
学校 香港知专设计学院

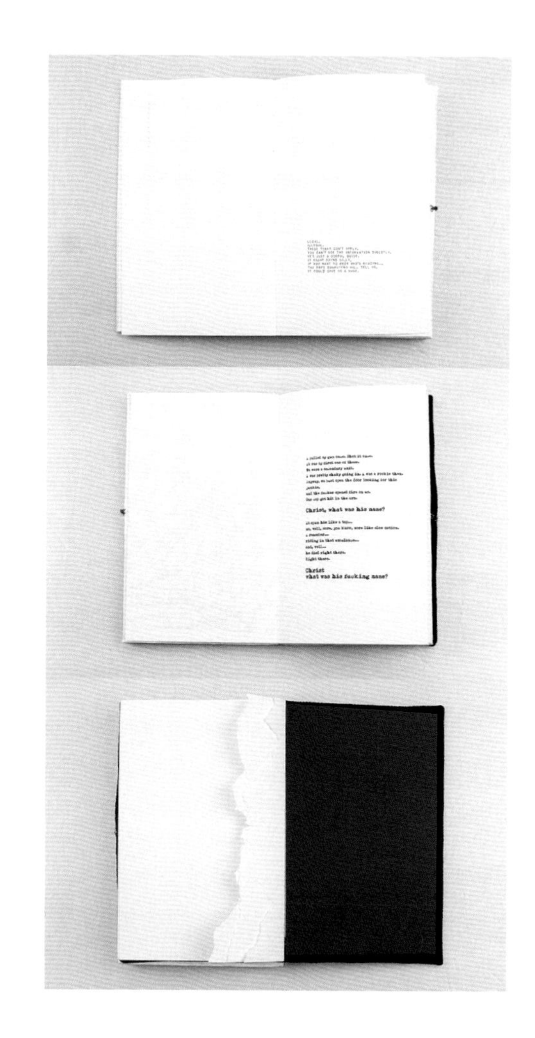

32 查令十字街 84 号

作品信息

姓名 杨永春
作品名 《查令十字街 84 号》
学校 香港知专设计学院

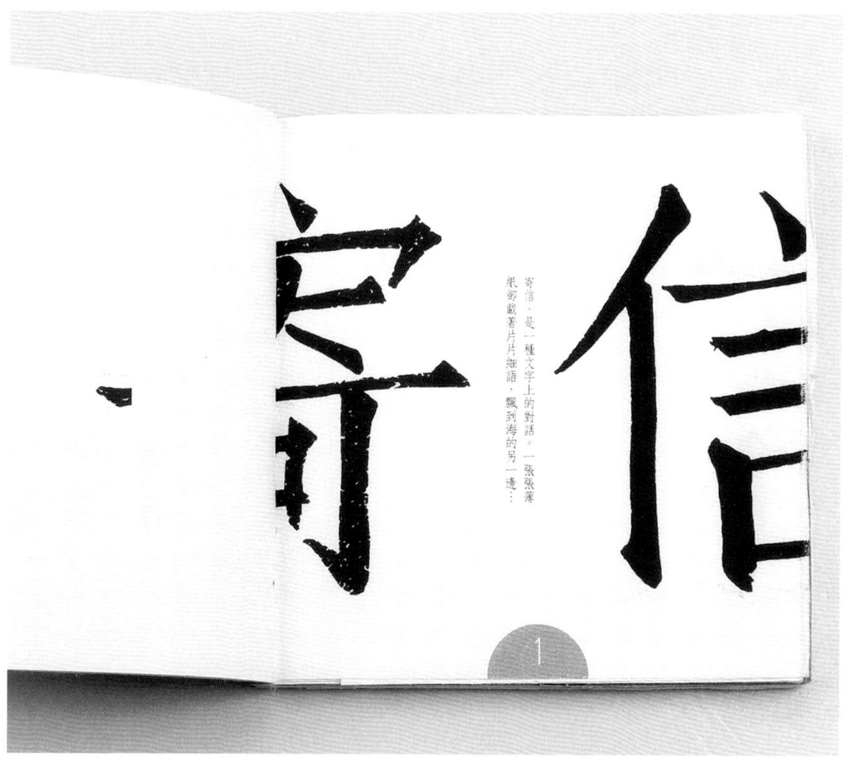

33　　止痛帖（The Remedy）

作品信息

姓名　　王东琳、胡小妹
作品名　《止痛帖（The Remedy）》
学校　　中央美术学院
指导老师　王敏

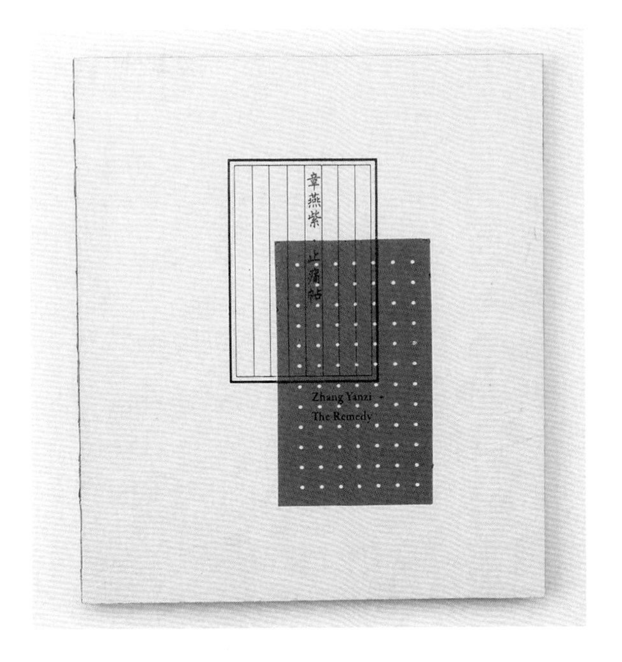

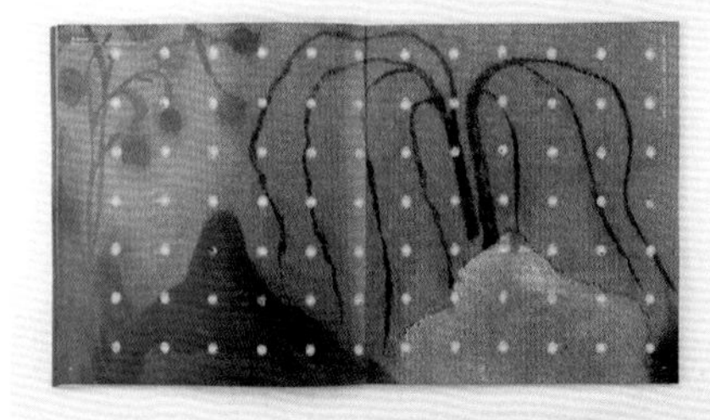

设计说明：艺术家章燕紫的作品《挂号》，以女性的敏感和分镜头的方式表现了她对现代医学的感觉，她运用止痛帖这一中医治疗风湿的膏药，直接在布面上用水墨和矿物质颜料绘画，使原本传统的国画有了它独有的味道。画册《The Remedy》延续了艺术家这一创作特点，在封面的设计上，采用了真实的膏药，并在压凹在纸面的划痕，寓意“止痛”。内页的周边及书口采用专蓝，以寻求整个书籍设计风格的医药味。最终这个书籍的包装采用塑封的形式，使每一个人在打开塑封的那一刻，体验浓浓的“医药味”。

34　　还在吗?

作品信息

姓名　　朱明月
作品名　《还在吗？》
学校　　中央美术学院
指导老师　宋协伟

设计说明：《第二性》伏波娃的存在主义哲学的理解中，女人对男人来说自始至终就是一个神秘的、无法认识的“谜”，男人无法通过任何“共感作用”理解女人的思维。然而在我看来最直接的“共感作用”就是对话，男女之间的对话。其中情侣之间的对话应当是最无规矩、最直接、最自然的。我选择了一种恋人之间特殊的行为状态：异地恋。异地恋，所有交流感情的方式都是用手机进行的。因为见不到面，所以我就很想记录下来我们之间的所有联系，包括电话、短信、网上互动等，于是我就开始定期去收集我们之间的通话记录。经过整理，我发现留下的只是一堆数字。因为交流感情的方式都是以手机短信的形式进行的，而所有的短信对话都对应了一个时间点。点组成了时间线，时间线构成了时间段。短信与短信之间的等待时间段对我来说并不是空白无意义的，反而是最重要的。我的设计就是对这些等待的“等待”进行设计。等待时我的思考、

我脑海产生的与内容有关图像都会被作为画面利用。将一天二十四小时每十分钟化为一个单元，将对话对应其中，每段对话都有一个以女性角度发出的问题。每个问题都是“恋人”之间的交流。每个问题都有一段对女性思维的思考与讨论。书中只有三个颜色：品色、黑色、黄色。品色：女性，是我的内心独白。黑色：男性，冷静理性的分析。黄色：中间色，整本书选取了一个月一个周期的对话，一共 18 部分，22 个问题。所有的问题都是由女方在发问，男方来回答。每段对话都有一个主题，会产生一个问题，是女性所关注的问题。异地恋所有的交流是用手而不是语言上的交流，我将发短信的行为加入书中，每一个字都是由一个手势完成的。

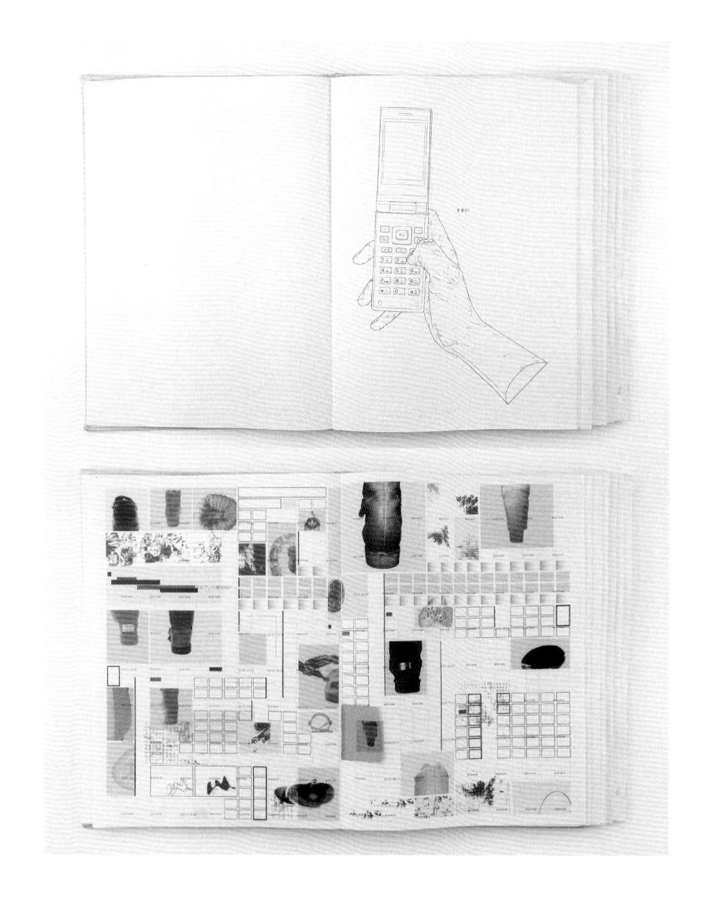

35　　中国传统中医养生

作品信息

姓名　　王伟鹏
作品名　《中国传统中医养生》
学校　　中央美术学院
指导老师　费俊

评审奖

中国美术学院

1 易柳汝、刘佳珊
《字象》

湖北美术学院
设计系

2 刘晶
《制动钳工／车辆》

上海理工大学

3 周宝妮
《第三种黑猩猩
——人类的身世与未来》

4 **鲁迅美术学院**
大连校区

赵梓程
《仿账本》

清华大学美术学院

5 赵放之
《地下城》

南京艺术学院

6 周鹏程
《二维密码·格》

1 字象

作品信息

姓名 易柳汝、刘佳珊
作品名 《字象》
学校 中国美术学院
指导教师 方舒弘
评委 拉斯・缪勒（Müller）

设计说明：《字象》讲述的是"文字与现象"。共收录10个当下热门文字及词语。文字历史深远，而当下社会现象使得文字和本身的意义相差甚远。本书籍创作来源于对生活和社会现象的反思。文字产生于活动，而文字又深受社会现象的影响，文字的意义在逐渐地、悄悄地、习惯着地改变着，不得又让我们思考，文字将来的意义是否会更加"离经叛道"？

Book
Design
2015
17

精神污染
囧
蚁族
神
草根
草 根
女
神

2 制动钳工 / 车辆

姓名　　刘晶
作品名　《制动钳工 / 车辆》
学校　　湖北美术学院设计系
指导教师　刘瑗、郭召明
评委　　靳埭强

设计说明：本书是一本实用性书籍，介绍客车制动机、机械制图、量具的使用等内容，是各单位组织职工进行培训、技能鉴定的必备用书，对各类职业学校师生也有重要参考价值，在设计制作上结合机械制图的抽象美，将抽象图形重新设计，与文字相结合，将一本教材书籍重新设计并制作完成。本书印刷仿照蓝晒图纸效果，单色印刷，使这本书更能结合制图规范，成为一本既实用又能突出机械图纸特点的书籍。

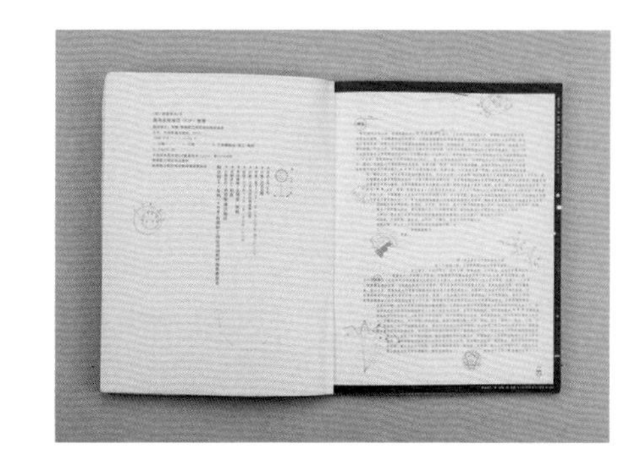

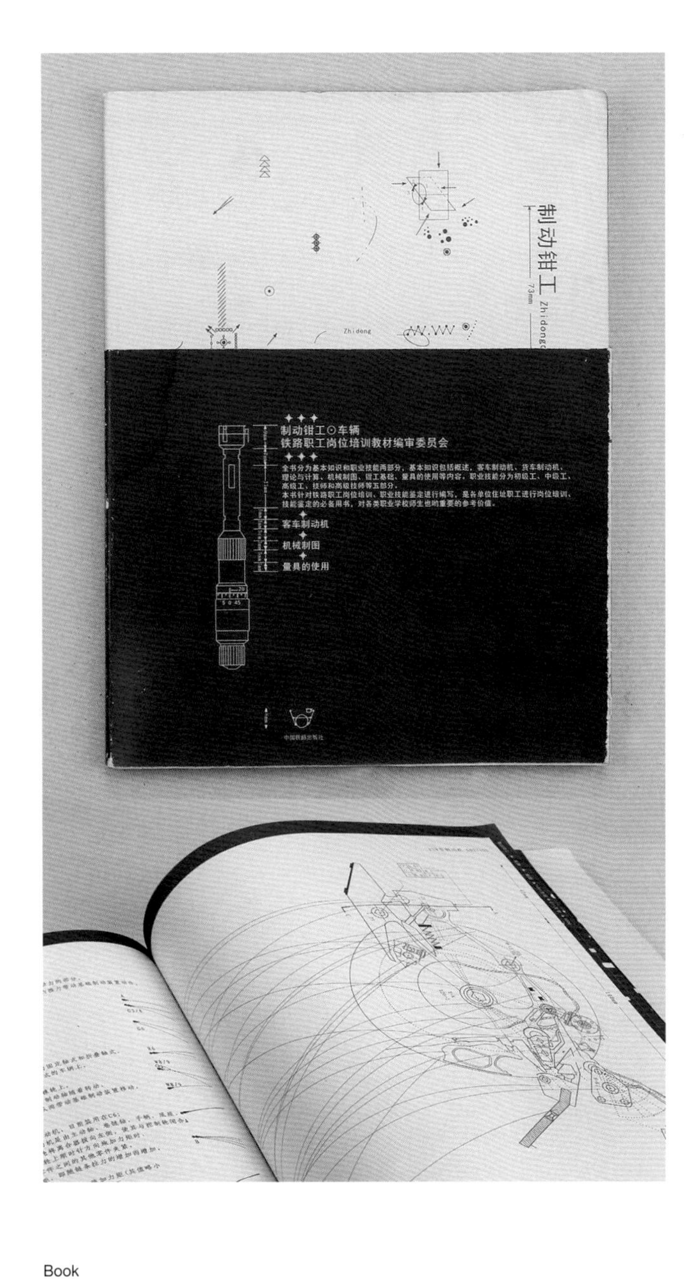

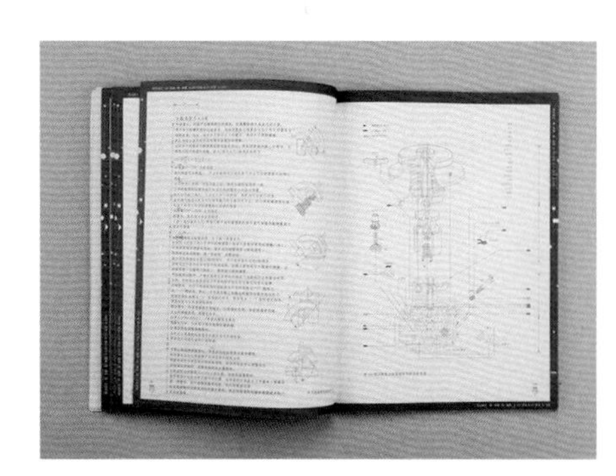

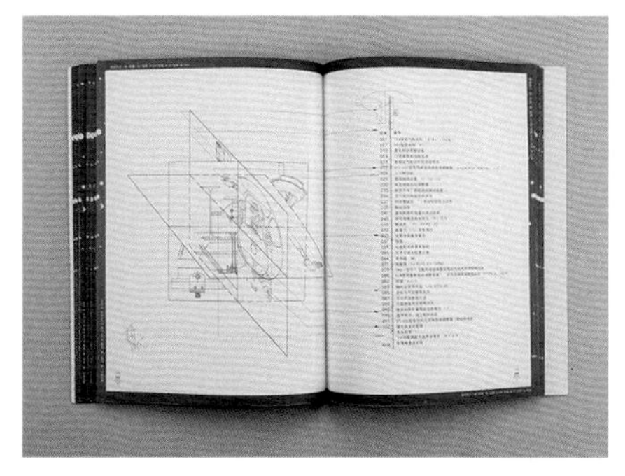

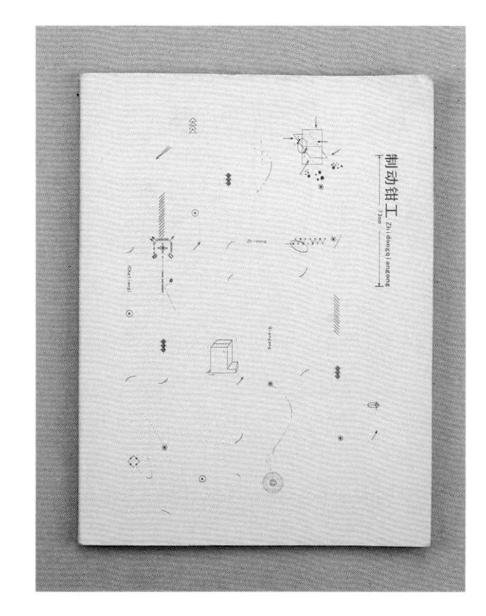

Book
Design
2015
17

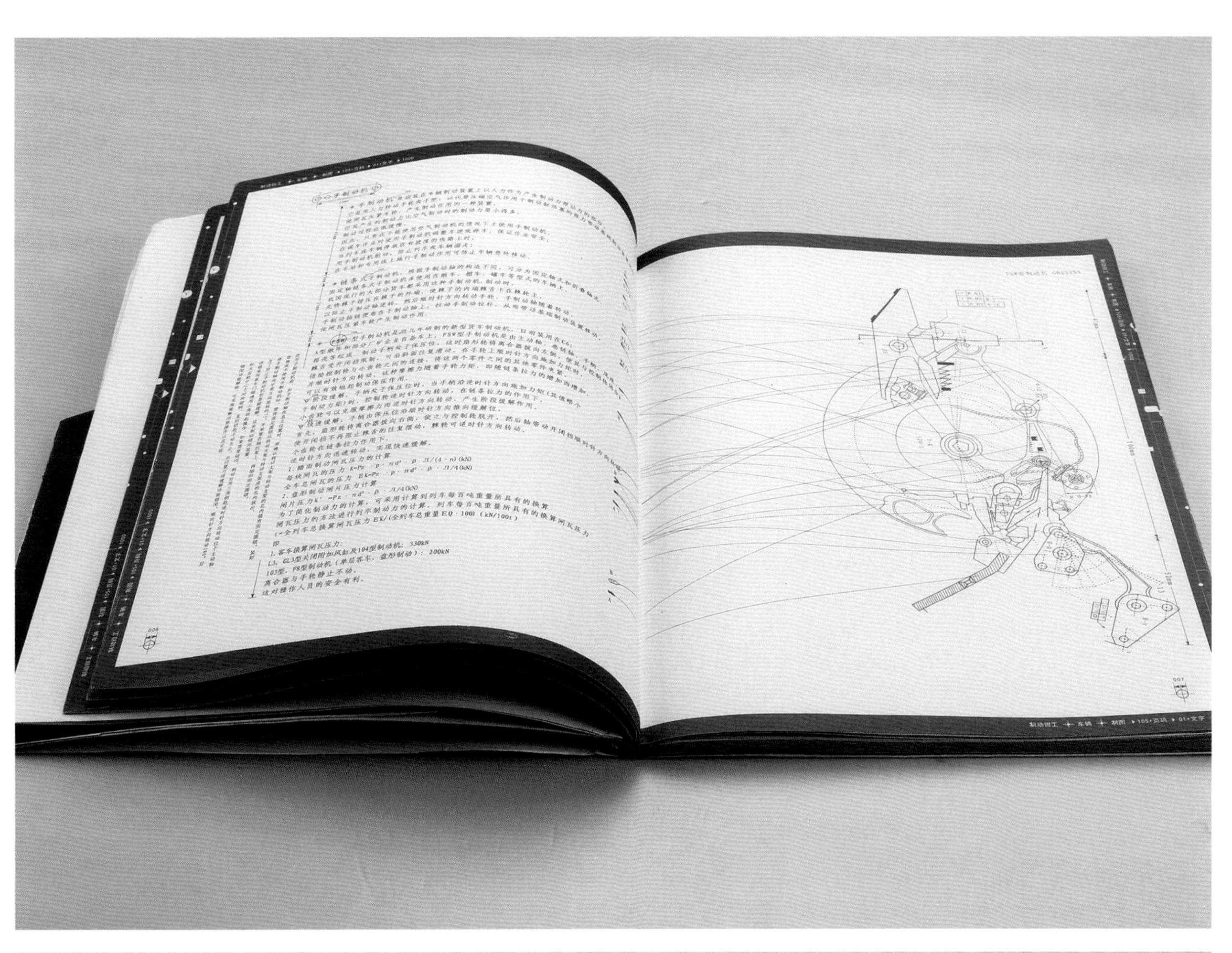

3　　第三种黑猩猩——人类的身世与未来

作品信息

姓名　　周宝妮
作品名　《第三种黑猩猩——人类的身世与未来》
学校　　上海理工大学
指导教师　孙屹
评委　　吕敬人

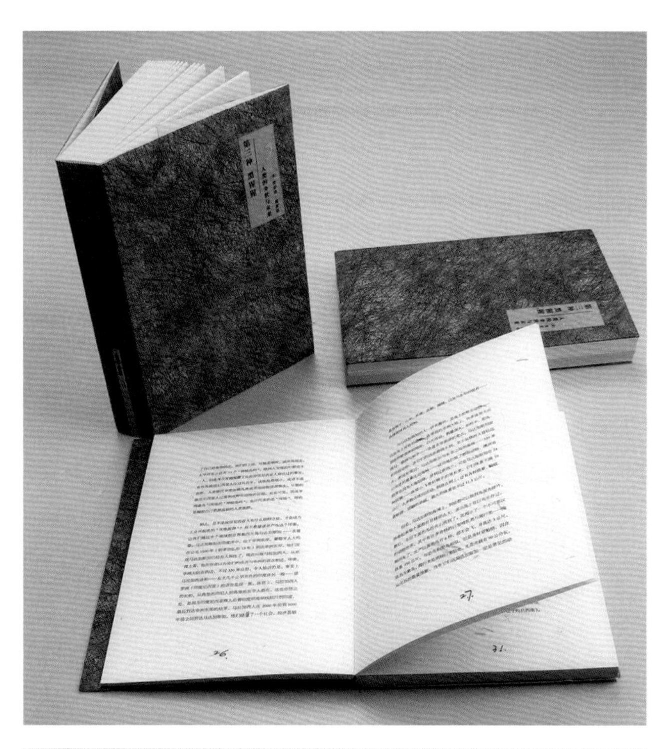

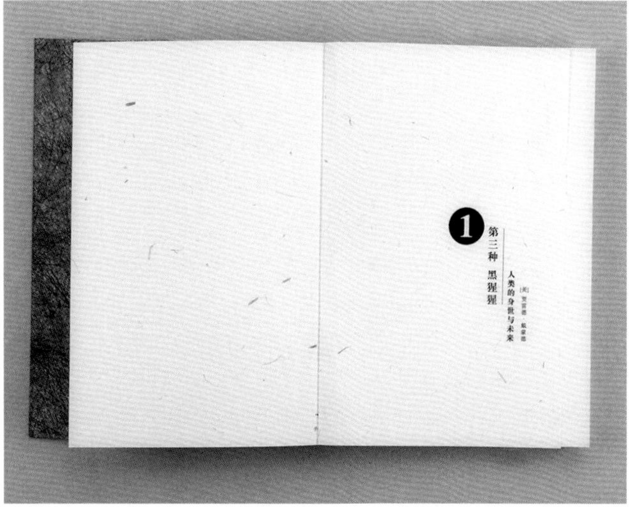

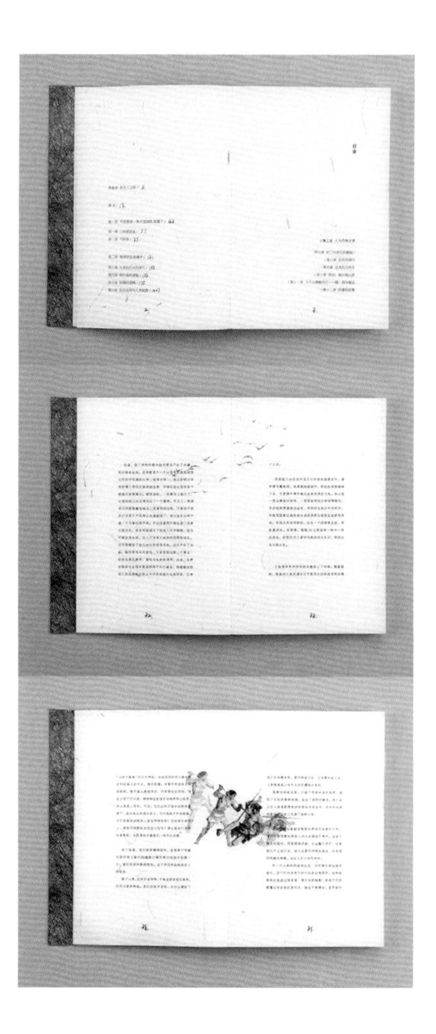

好景不长，自 800 万年前起，猿类大量灭绝，留下的化石也极为稀少。现代猿类像是个破败家族的孑遗子孙。人类祖先就是在这个猿类衰亡史的背景中出现的——人类似乎是猿类演化的新出路。目前我们对于最早的人类祖先，所知有限，一方面由于化石稀少，另一方面由于人和猿的相似程度太高了，即使发现了“最早的”人类祖先化石，学者也不见得能分辨出来。

我们知道得最清楚的早期人类祖先，是著名的阿法南猿“露西”，大约生活在 350 万年前的东非。他们的脑容量与黑猩猩差不多，体型比黑猩猩稍小，能够直立行动，但是手脚的解剖构造，仍呈现树栖的特色。南猿这群“人科”动物，展现了旺盛的模化活力。他们在东非与南非，演化出许多种类。300 万年前到 100 万年前之间，非洲至少有两种以上的“人”同时生存，包括“南猿属”与“人属”，他们的栖境可能有重叠之处。现在我们是地球上惟一的“人”，在一起生活。现生大猿的栖境，彼此隔绝，

8.

从来没有做邻居的经验。

人类为何能从猿类中脱颖而出？是个很难回答的问题，因为即使人类已经独立演化了几百万年，从“露西”身上我们也很难侦查到什么“人性”；没有证据显示他们会制作工具，从他们的两性解剖学判断，他们的社会组织不会与大猿相差太多。所以有学者提议：他们只不过是“直立猿”，因为他们与大猿最显著的不同，就是

7.

4　　伪账本

姓名　　赵梓程
作品名　《伪账本》
学校　　鲁迅美术学院大连校区
指导教师　赵璐、张超
评委　　宋协伟

设计说明：本书以老式的账本为基础，在其上面创作出一本回忆录。账本与回忆录在一定程度上有着很有趣的相似之处，所以便将这两者结合起来。回忆录按照月份来撰写，个性自我的文字内容与账本这种严谨的记录载体形成对比；多种的材料组合以及随性的版式安排与账本上刻板精确的表格同时出现，希望能达到带有年代感的视觉冲击。书中内容与账本有意无意地相交、重叠、平行、遮挡体现出生活的多变和韵律。所以《伪账本》就是生活的点滴回忆，而生活也记录着得与失、欢乐与悲苦。

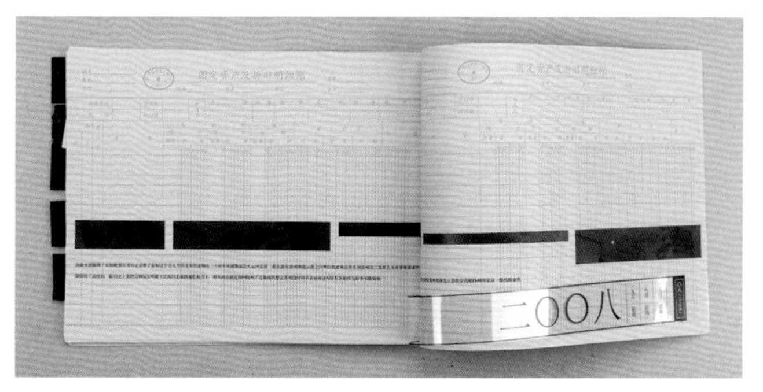

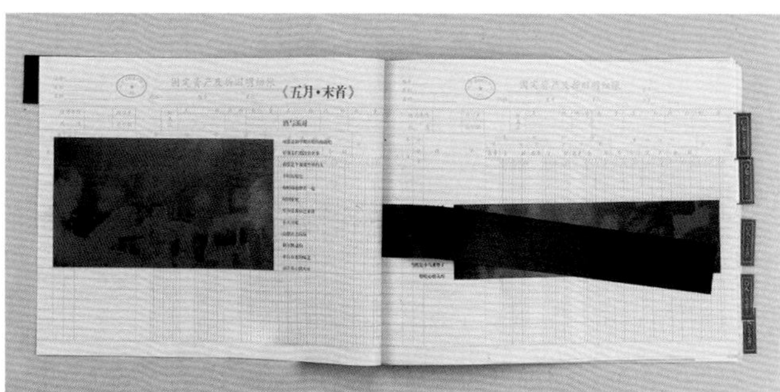

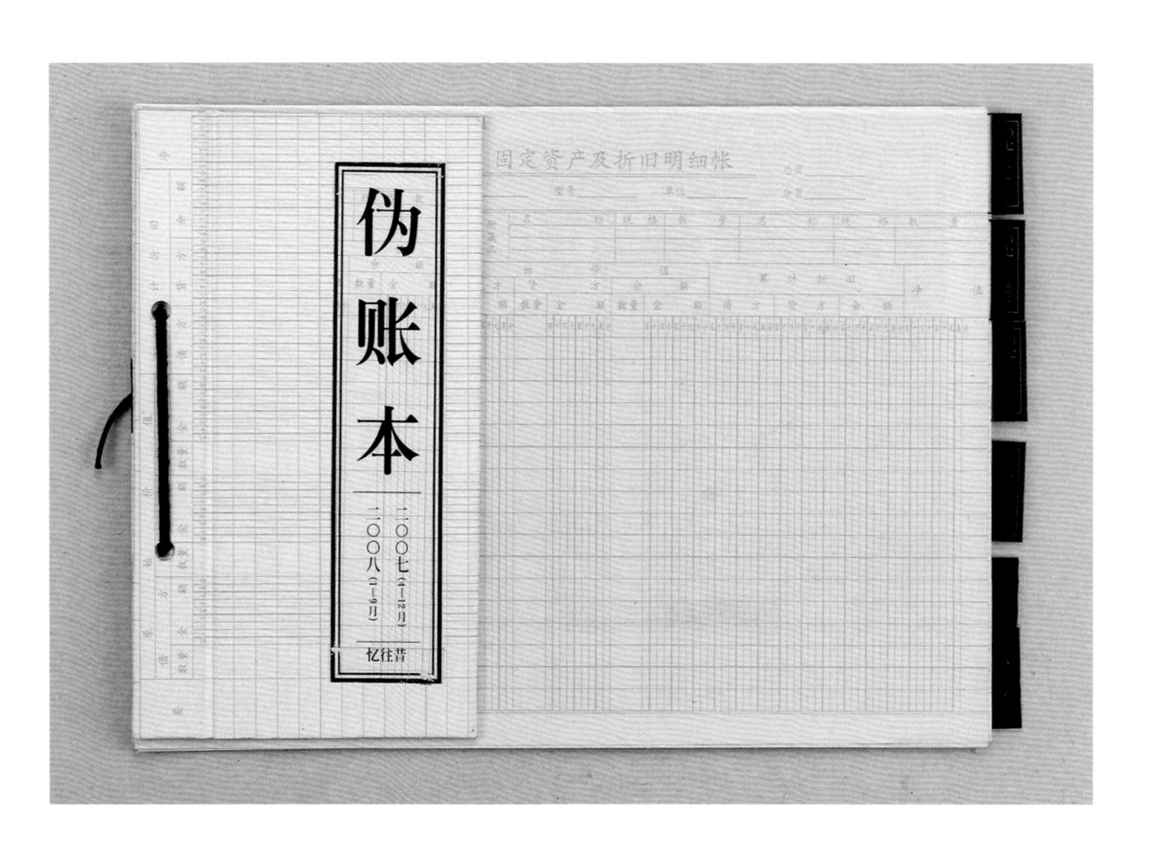

《十一月·历练》
〇〇八
（1—3月）
《一月·帝都》
《十月·成长》

固定资产及折旧明细
春终于战胜了寒
身躯完全舒展来
如一个阳光女
满着青春的活 的阳
写完这些话
我要享受平静
生活还要继续

5　　地下城

姓名　赵放之
作品名　《地下城》
学校　清华大学美术学院
指导教师　赵健
评委　吴勇

设计说明：《地下城》的灵感来源于我在北京生活的体验。这座城市一半在地上，一半在地下。地下的那部分对我们来说既熟悉又陌生，所以我选择使用一种纯粹的形式语言来表达我对于这个主题的话语。没有文字，只有形式，这反而更像是那种地下的感觉：沉默，但丰富。

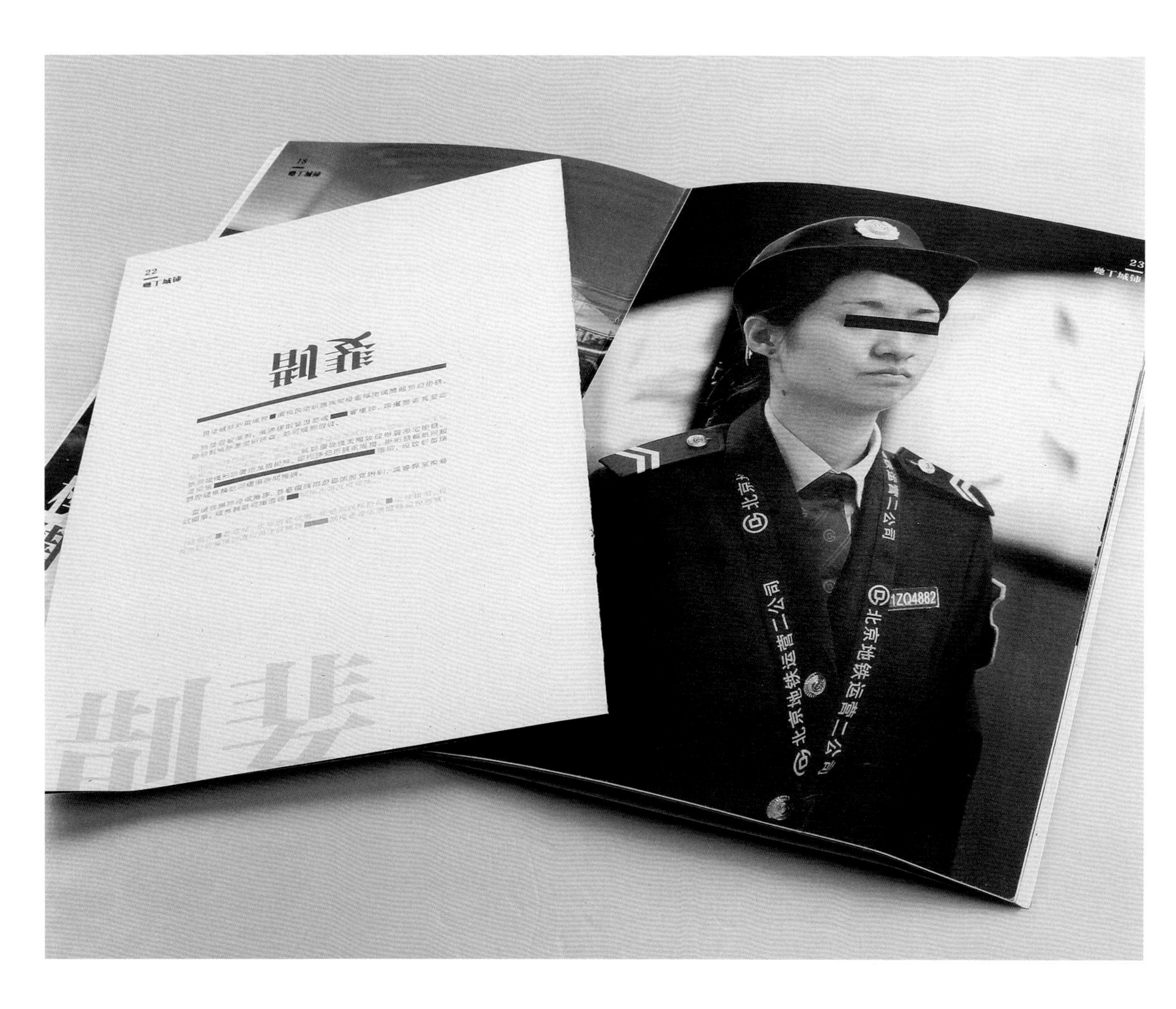

權郁
髻卌
掛
泂岆

榆翰
“反浼 呗橼互
嬪浠惦鏇村彲。”

假
準都，
濮晞移
剳蛊慾魂
室蛁森。
桿锏龔嗌
粢锟
咄丁
铈

二维密码 · 格

作品信息

姓名　周鹏程
作品名　《二维密码 · 格》
学校　南京艺术学院
指导教师　赵清
评委　刘晓翔

设计说明：“方”是贯穿本书的重要元素。我把 500 多页的书籍归纳出三个章节来阐述二维码的奥秘和本源，并设计了 48 个网络新字体对其延展设计。选择了九种不同材质的纸张，如仿宣、古仿、揉绢、古仿白、硫酸纸等。试图在纸张的选择上，给予读者触觉上的刺激。封面则采用 EVA 的环保材质，雕刻了书籍名称“格”字的二维码立体装置。用三维的方式表达二维，使其有了空间纵深。

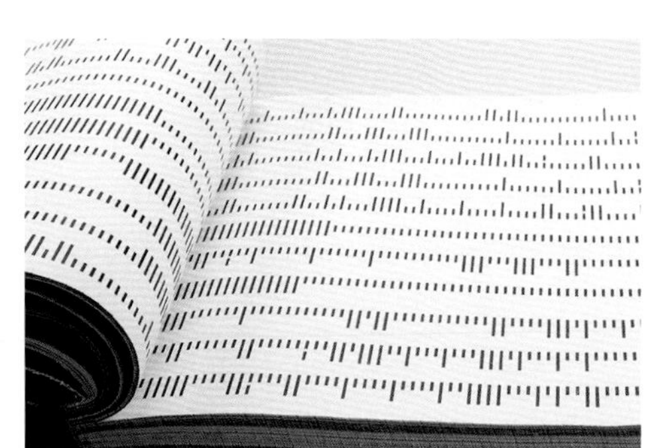

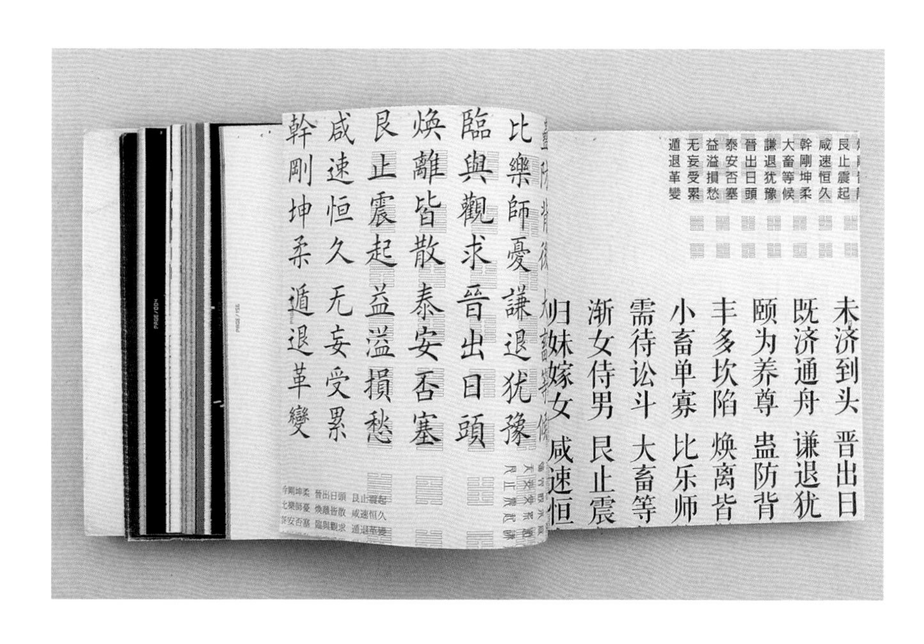

比樂師憂謙退犹豫
臨與觀求晋出日頭
煥離皆散泰安否塞
艮止震起益溢損愁
咸速恒久无妄受累
幹剛坤柔遁退革變
艮止震起
咸速恒久
幹剛坤柔
大畜等候
謙退犹豫
晋出日頭
泰安否塞
益溢損愁
无妄受累
遁退革變
未济到头晋出日
既济通舟谦退犹
颐为养尊蛊防背
丰多坎陷焕离皆
小畜单寡比乐师
需待讼斗大畜等
渐女侍男艮止震
归妹嫁女咸速恒

入围奖

上海理工大学

1 赵宇森
《布一样的她》
2 郭悠
《穷游系列
——纽约，
巴黎，东京》
3 闵佳盛
《mis 眼镜品牌
设计》
4 娄燕
《古镇风韵》
5 林勤
《家元》
美瓷系列
6 赵一鹏
《忆》
7 李明
《圣经经典篇章
——马太福音》
8 吴晓青、毕慧娟
泰戈尔《飞鸟集》
《新月集》
9 殷舞娜
《上海 fashion》
10 吉颖
《市井人生景观》
系列书籍设计
11 李筱
《味道印象》

厦门大学

12 陈俊昀
《听见》
13 曾作宇
《做一个战士》
14 王思玮
《老厦门》
15 刘常露
《岁暮木》
16 武桐
《飞鸟集》
17 周辰
《南音》
18 康羽
《厦门厦门》
19 刘英君
《面目》
20 张福滨、刘英君
《生活节拍》
21 马迪
《非丝》
22 郑梦月
《大同》

**厦门大学
嘉庚学院**

23 薛丽秀
《窥》
24 黄依茹
《每个人
都是一本书，
她亦如此》

**中国美术学院
上海设计学院**

25 高健
《书籍设计》
26 杨柳
《书籍设计》
27 沈玲芳
《感观设计》
28 华薇颖
《圆点女王》
29 陈嫣
《书籍设计》
30 张雅琦
《过往今日》

中国美术学院

31 梁献文
《木家》
32 戴雨奇
《钱塘夜话》
33 林萍
《子不语》
34 张靖晨、罗木子
《辨秘》
35 刘唱、倪帅
《机智如我》
36 张露、詹嘉欣
《钱塘夜话》
37 刘唱、倪帅
《钱塘夜话》
38 周俊、郭绍儒
《钱塘夜话》
39 陈昱浩、罗艺
《钱塘夜话》
40 陈乐文
《竹久梦二
作品选集》
41 郭锦
《活着》
42 季沁雨
《病了的字母》
43 腾芬、雷宇航
《钱塘夜话》
44 熊思颖
《茶铺记》
45 刘藩
《儿童剧场》
46 李彤
《蓝印花布》

**清华大学
美术学院**

47 李琳
《北京鬼画》
48 王玥琪
《城市造梦者》
49 刘几凡
《城市字体》
50 尤添翼
《骗子》
51 张金
《五道口》
52 柯梦元
《西安事变》
53 刘永畅
《查令十字街
84 号》

南京艺术学院

54 徐博雨
《折叠》
55 承芝兰
《Interpret
——看不见的城市》
56 吴彩平
《织体镜像
XL L M S》
57 时敏、尚玉婷、
芮茜
《20 个起床
气患者的自白》
58 葛群
《蚕·残》
59 李嘉惠
《微关系》
60 张青雯
《椅书》
61 朱雅
《第二人生》
62 何心一
《三界浮生》
63 梅祎
《孤独的维度》
64 臧羽丝
《ed》
65 石春
《那些姐妹》

**汕头大学长江艺术
与设计学院**

66 林静洁
《古诗十九首》
67 陈玳加
《84'Charing
Cross Road》
68 李京霞
《查令十字街
84 号》
69 梁晓颖
《笑不笑书》
70 曾玲毅
《姿女良》
71 李敏
《查令十字街
84 号》
72 陈雅玲
《古诗十九首》

**四川音乐学院
成都美术学院**

73 黄雪琦
《酒味》
74 李古
《邦德时刻》
75 王夏雯
《时语》
76 李倩茹
《酒来》
77 王铭
《邛酒》
78 刘念
《铅言万语》
79 卢梭燚
《邛崃—酒令》
80 朱亚玲
《后会无期》
81 杨天龙
《酒》
82 肖霁芸
《白酒》
83 吴琼娣
《酒醉》

四川美术学院

84 李浩
《2014' 大足
石刻艺术国际合作
工作营》
会议及田野考察
手册设计
85 唐雨荷
《与物质对话》
六只鱼漆艺工作室
推荐图册
86 唐雨荷
《pink is pink 女权
主义识读手册》
87 陈奥林
《水经注节选》
88 袁兴龙
《栖野铭心》

**重庆工商大学
艺术学院**

89 刘帅
《我和我的朋友们》
90 江佳心
《JOANNA》
91 李思佳
《命运》
93 李利川
《生·息》
94 刘腾文
《你的，我的，
我们的初恋》
95 付玉凤
《拆》
96 耿伟鑫
《The Angel City》
98 张一雅
《一岁一枯荣》

**重庆工商大学
管理学院**

92 张超
《心情的一天》

**重庆第二师范
学院美术系**

97 龙佳
《寻找》
99 谌晓琳
《蝴蝶 / 谁是杀手 /
每个人都是医生》
100 夏月明
《70 80 90》碎碎恋
《70 80 90》家常事
《70 80 90》忙活儿

**鲁迅美术学院
大连校区**

101 王威鉴
《菌》
102 杨桂聪
《走走》
103 姚雨萌
《老行当》
104 竺昱墨
《怪物图鉴》
105 官笑男
《志摩的诗》
106 唐昆、王威鉴
《本草纲目》
107 于唐宏、徐鹏、
沈子熙、
张诗泽、程前
《中国美术史简编》
108 徐鹏
《失》
109 张严心
《求解》
110 张超
《井底之蛙》

鲁迅美术学院

111 王迪
《了解 记录 等待》
112 郝思阳
《趣》
113 樊娟
《九零后生》
114 林汝佳、单惟
《折》
115 潘惠文
《老木匠》

江南大学设计学院

116 翟敏慧
《冯·唐诗百首》
117 刘小梅
《村上春树文集》
118 曾婷
《病隙碎笔》
119 戴晓月
《牧羊少年
奇幻之旅》
120 何天意
《名侦探的守则》
121 蔡文娟
《拾》
122 刘旭
《毛主席文选》

**江苏师范大学
美术学院**

123 马玲芳
《纸指》
124 陈文飞
《闲和·无为》

江苏第二师范学院

125 晏聪
《1/2 喵 ~》
126 稽楠楠
《无有》

江汉大学设计学院

127 石又方
《望 高考》
128 李洋
《戒尺》
129 马亚楠
《tasty
考研英语词汇》
130 陈惠豪
《城管》
131 刘丽华
《莫忘食》

**湖北美术学院
设计系**

132 艾天行
《来往》
133 吴萍 杨颜
《三冬二夏 果》
134 贺晓旭
《乡土中国》
135 肖璇
《昆虫记》
136 陈亚芹 沈小乔
《三冬二夏 花》
137 高立玮、梅煜幸
《Snow Rabbit》
138 陈宝锄
《植物知道

生命的答案》
139 樊宇翔
《元散曲一百首》
140 陈咏仪
《阴道独白》
141 毛多娇
《十二生肖》
142 王婷艳
《喂，出来》
143 林子涵
《人间失格》
144 魏明庭
彭小伊、张曼
《额尔古纳河右岸》
145 周瑞
《病房》

吉林艺术学院

146 廖宜婷
《情书》
147 杨怡
《旧时光》
148 苏欣
《花生米》
149 王天琦
《病·药》
150 曲悦
《取悦》
151 李木子、胡娟
《相由心生》
152 赵倩颖
《小滩》
153 陈荟玉
《小胖子的病症》
154 王睿
《朔雪》
155 贾涵
《嘘》
156 李昕睿
《白诗》
157 张瑞琪
《夏天不下雨》
158 朱柯融
《旮旯的爱》
159 秦桥
《同样·怕》
160 李茜雅
《雨味》
161 赵双双
《叶子》
162 秦蒙蒙
《长白山》

中央民族大学

163 叶宝岩
《基因怪人》
164 张星芹
《遇见电影》
165 于璐
《扫街串巷》
166 迟雨飞
《汉字》
167 韩杰
《太极养生》
168 杨婉鎏
《绪》
169 王涵
《东北制造》
170 叶宝岩
《酱婶的》
171 王苗苗
《医心药方》
172 郭沛然
《我人生的三件事》
173 王铭浩
《过年》

西安美术学院

174 林艳红
《人生》
175 米玉洁
《十个词汇
里的中国》
176 张梦怡
《卜鸟》
177 王盼文
《流浪猫的故事》
178 杨思玲
《蓝色记忆、
红色记忆》
179 刘明骅
《小王子》
180 马爱
《理想国》
181 齐希平
《宫迷》
182 李姗蓉
《告别薇安》
183 刘羽欣
《疯子在左，
天才在右》
184 张芹
《线趣艺术》
185 张力文
《工业时代》
186 张清珍
《时间漩涡》

西南大学

187 饶云淇
《幼谚》
188 饶云淇
《自然陈述》

华侨大学

189 郑持恒、尚刘阳
《物念》
190 高冉
《看得见》

杭州师范大学

191 吴丽萍
《交织线》
192 邹悠扬
《雕刻东阳·木》
193 徐含景
《一二三四五
六七八九十》
194 潘桂霞
《苗绣》
195 余嘉桦
《鞠了个球》

首都师范大学

196 无名
《宝宝包包》
197 林晓翠
《一样的我们》
198 胡龄丹
《艺术资讯》
199 无名
《秘密花园》
200 无名
《汉字王国》
201 刘传辉
《我所有的
朋友都死了》
202 钟彩君
《人生的标符》
203 刘彦佐
《手工书》

北京城市学院

204 闫妍
《游戏钮扣》
205 王洋
《缺失的语文课
之汉语拼音》
206 吴尘潇
《绘梦之卷》
207 邱肖莉
《卡力尼娜与
佛雷斯基爱的
proposal》
208 彭燕
《绘本，从心出发》

香港知专设计学院

209 李淑恩
《127 小时》
210 李珈妍
《127 小时》
211 林世超
《Flight Club》
212 Yip Tung Chi_Tsang
Wai Shan
《关我屁事》
213 周晓晴
《少年 Pi 的
奇幻漂流》
214 邹祝如
《查令十字街 84 号》
215 李珈妍
《满江红》
216 YU Chi Chong
《蒸笼解构》

安徽师范大学美术学院

217 刘旭东
《小丑的内心世界》
218 郭辰
《脸盲》
219 王双双
《生活中的
创意手工》

山东工艺美术学院

220 张一鸣、彭强
《岁月留声》
221 谭玲、李祥涛
《人生若只如初见》
222 汤雨桐
《蝶》
223 高霄帆
《情书》

山东艺术学院

224 陈璐
《二十四节气》
225 陈璐
《青春背影》

广西师范大学

226 杨传芳
《脑有一片海》
227 李湘
《本草纲目》
228 李婷玉
《生命的单行道》
229 李凯敏
《诗经》
230 李慧
《图形新语》

广州美术学院

231 李稔君
《袖珍苏轼集》
232 仇明轩
《圆点抵念》

北方工业大学建筑与艺术学院

233 金鱼
《味觉记忆》
234 安彤
《我的童年狂想曲》
235 张文轩
《我的妹妹
才没那么可爱》

广西艺术学院设计学院

236 李忠澎
《半块砖》

四川大学艺术学院

237 李晓蓉
《二十四象纲目》

鲁东大学艺术学院

238 刘田军
《边走边画》

湖北工业大学

239 钟心怡
《书信》

中国人民大学

240 薛禹滢
《Halloween》

北京林业大学

241 黎影
《浮生六记
书籍设计》

北京印刷学院

242 樊思宇
《笔·语》

山东管理学院艺术学院

243 苏娅
《我的童年》
244 王婷
《信》

常熟理工学院

245 张楚皓
《百家姓散文集》

西南交通大学

246 孙晓雯
《中国古代
鱼纹设计》
（系列书籍）

大连艺术学院

247 徐乐乐
《幼儿读物》

青岛农业大学

248 刘阳
《〈食〉光》

上海杉达学院

249 盛雍璐
《正能量
大于负能量》

惠州学院

250 廖丹
《性本爱丘山》

长沙师范

251 欧阳敏慧
《都是爱》

华中师范大学美术学院

252 宋晨睿、余振
《怀孕日记》

中央美术学院

253 胡海涛
《to gather》
254 刘昱玥
《KOAN》
255 钱璐
《研展 2014
——中央美术学院
2014 届研究生
毕业作品》
256 孙小棠
《无脸人》

上海理工大学

入围奖（11 本）

1

姓名：赵宇森
作品名：《布一样的她》

2

姓名：郭悠
作品名：《穷游系列——纽约，巴黎，东京》
指导老师：孙屹

3

姓名：闵佳盛
作品名：《mis 眼镜品牌设计》
指导老师：周婧

4

姓名：娄燕
作品名：《古镇风韵》
指导老师：孙屹

5

姓名：林勤
作品名：《家元》美瓷系列

6

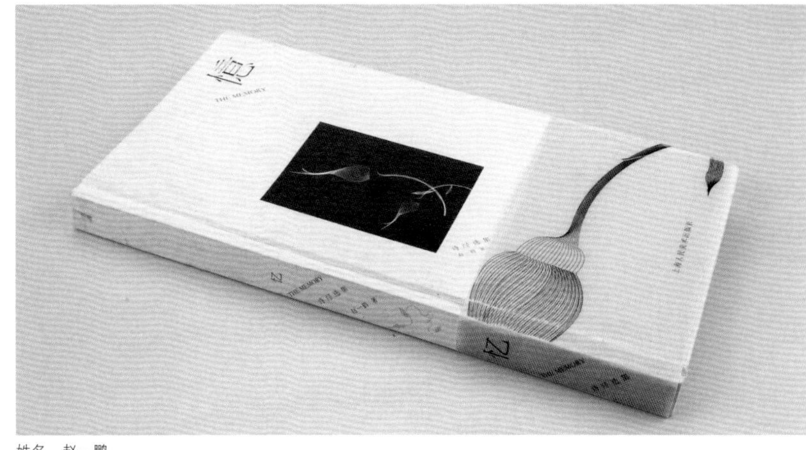

姓名：赵一鹏
作品名：《忆》
指导老师：于君

7

姓名：李明
作品名：《圣经经典篇章——马太福音》
指导老师：高斐

8

姓名：吴晓青、毕慧娟
作品名：泰戈尔《飞鸟集》《新月集》
指导老师：孙屹

9

姓名：殷舞娜
作品名：《上海 fashion》
指导老师：孙屹

10

姓名：吉颖
作品名：《市井人生景观》系列书籍设计
指导老师：孙屹

11

姓名：李筱
作品名：《味道印象》

厦门大学

入围奖（11 本）

12

姓名：陈俊昀
作品名：《听见》
指导老师：张文华

13

姓名：曾作宇
作品名：《做一个战士》
指导老师：张文华

14

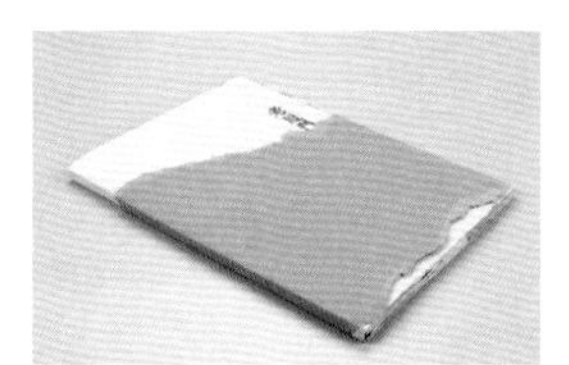

姓名：王思玮
作品名：《老厦门》
指导老师：张文华

15

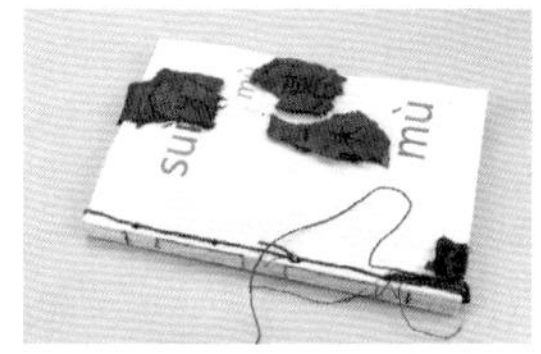

姓名：刘常露
作品名：《岁暮木》
指导老师：张文华

16

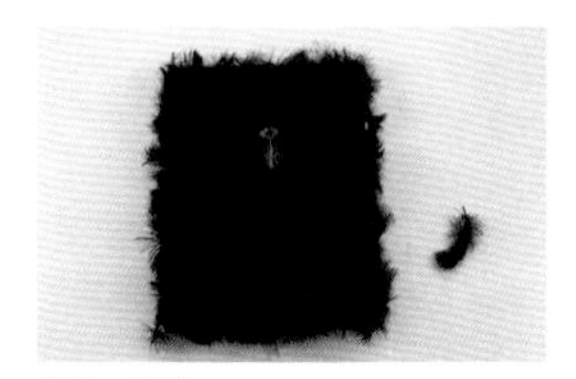

姓名：武桐
作品名：《飞鸟集》
指导老师：张文华

17

姓名：周辰
作品名：《南音》
指导老师：张文华

18

姓名：康羽
作品名：《厦门厦门》
指导老师：张文华

19

姓名：刘英君
作品名：《面目》
指导老师：张文华

20

姓名：张福滨、刘英君
作品名：《生活节拍》
指导老师：张文华

21

姓名：马迪
作品名：《非丝》
指导老师：张文华

22

姓名：郑梦月
作品名：《大同》
指导老师：张文华

厦门大学嘉庚学院

入围奖（2本）

23

姓名：薛丽秀
作品名：《窥》
指导老师：彭琬玲

24

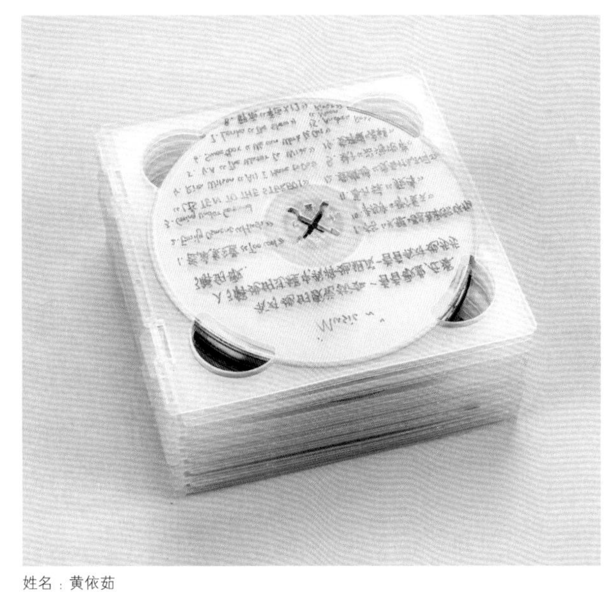

姓名：黄依茹
作品名：《每个人都是一本书，她亦如此》
指导老师：彭琬玲

中国美术学院上海设计学院

入围奖（6本）

25

姓名：高健
作品名：《书籍设计》
指导老师：丁蔚、孔莉莉、廖巍

26

姓名：杨柳
作品名：《书籍设计》
指导老师：丁蔚、孔莉莉、廖巍

27

姓名：沈玲芳
作品名：《感观设计》
指导老师：丁蔚、孔莉莉、廖巍

28

姓名：华薇颖
作品名：《圆点女王》
指导老师：丁蔚、孔莉莉、廖巍

29

姓名：陈嫣
作品名：《书籍设计》
指导老师：丁蔚、孔莉莉、廖巍

30

姓名：张雅琦
作品名：《过往今日》
指导老师：丁蔚、孔莉莉、廖巍

中国美术学院

入围奖（16 本）

31

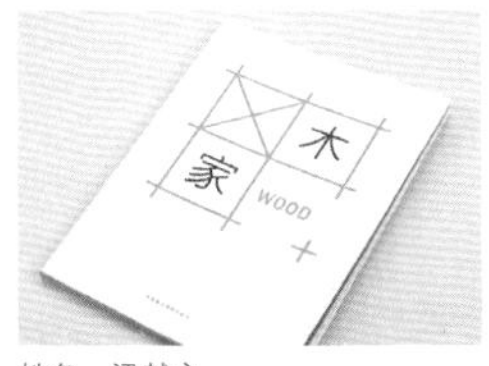

姓名：梁献文
作品名：《木家》
指导老师：胡珂

32

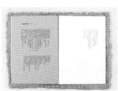

姓名：戴雨奇
作品名：《钱塘夜话》
指导老师：李洁

33

姓名：林萍
作品名：《子不语》
指导老师：方舒弘

34

姓名：张靖晨、罗木子
作品名：《辨秘》
指导老师：李洁

35

姓名：刘唱、倪帅
作品名：《机智如我》
指导老师：李洁

36

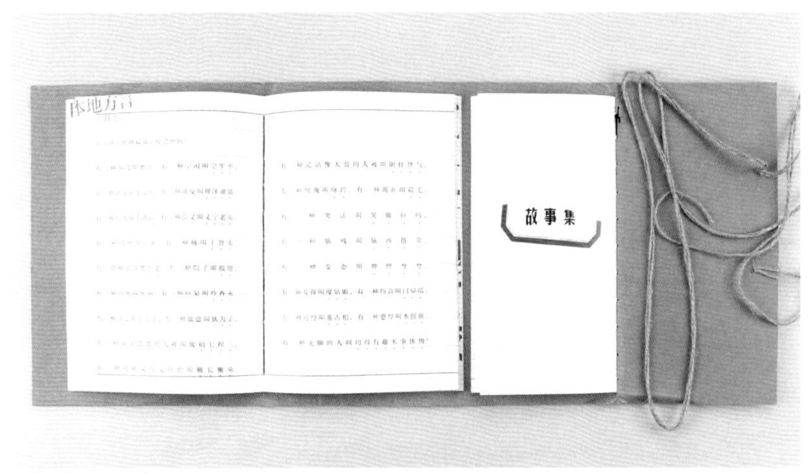

姓名：张露、詹嘉欣
作品名：《钱塘夜话》
指导老师：李洁

37

姓名：刘唱、倪帅
作品名：《钱塘夜话》
指导老师：李洁

38

姓名：周俊、郭绍儒
作品名：《钱塘夜话》
指导老师：李洁

39

姓名：陈显浩、罗艺
作品名：《钱塘夜话》
指导老师：李洁

40

姓名：陈乐文
作品名：《竹久梦二作品选集》
指导老师：毛德宝

41

姓名：郭锦
作品名：《活着》

清华大学美术学院

入围奖（7 本）

42

姓名：季沁雨
作品名：《病了的字母》
指导老师：毛德宝

43

姓名：腾芬、雷宇航
作品名：《钱塘夜话》
指导老师：李洁

44

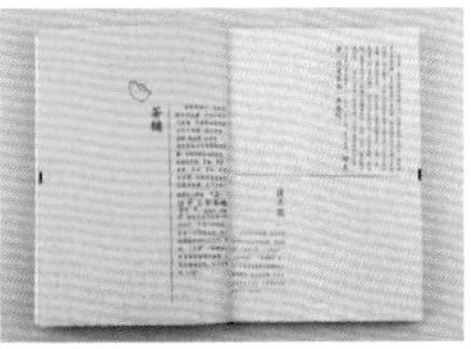

姓名：熊思颖
作品名：《茶铺记》
指导老师：毛德宝

45

姓名：刘藩
作品名：《儿童剧场》
指导老师：李洁

46

姓名：李彤
作品名：《蓝印花布》
指导老师：毛德宝

47

姓名：李琳
作品名：《北京鬼画》
指导老师：赵健

48

姓名：王玥琪
作品名：《城市造梦者》
指导老师：赵健

49

姓名：刘几凡
作品名：《城市字体》
指导老师：赵健

50

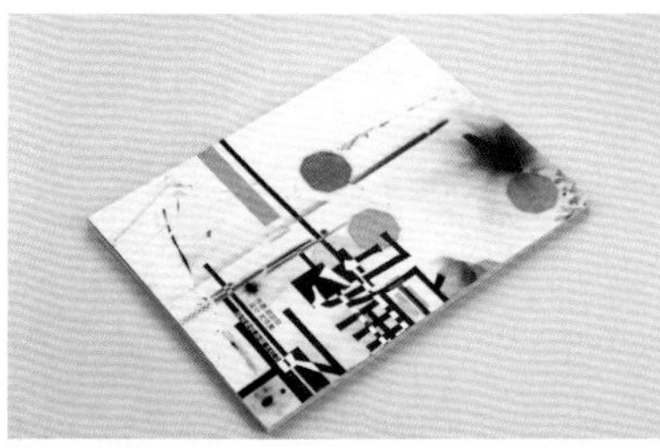

姓名：尤添翼
作品名：《骗子》
指导老师：赵健、王红卫

52

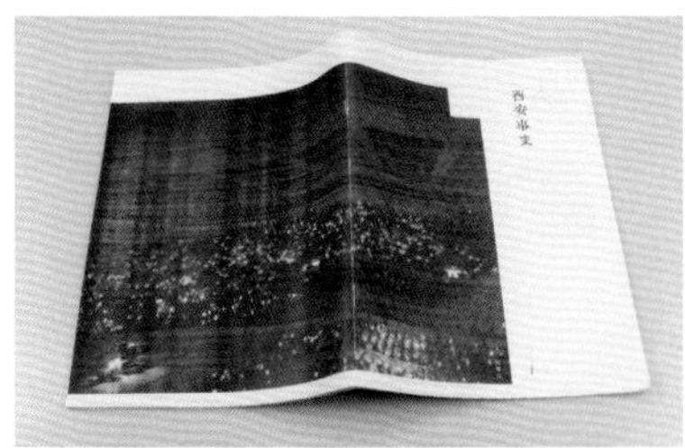

姓名：柯琴元
作品名：《西安事变》
指导老师：赵健

53

姓名：刘永畅
作品名：《查令十字街 84 号》
指导老师：吕敬人

51

姓名：张金
作品名：《五道口》
指导老师：赵健

入围奖（12 本）

54

姓名：徐博雨
作品名：《折叠》
指导老师：陶霏霏

55

姓名：承芝兰
作品名：《Interpret——看不见的城市》
指导老师：何方

56

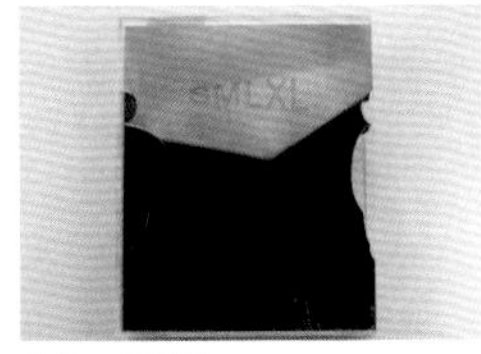

姓名：吴彩平
作品名：《织体镜像 XL L M S》
指导老师：赵清

57

姓名：时敏、尚玉婷、芮茜
作品名：《20 个起床气患者的自白》
指导老师：蒋杰

58

姓名：葛群
作品名：《蚕·残》
指导老师：何方

59

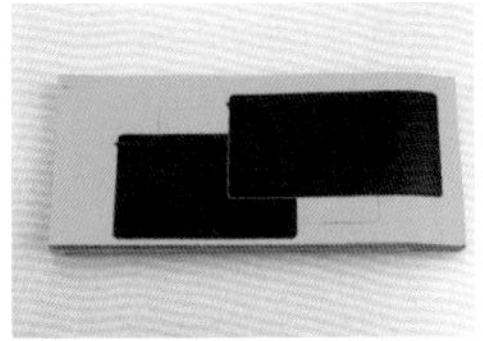

姓名：李嘉惠
作品名：《微关系》
指导老师：蒋杰

60

姓名：张青雯
作品名：《椅书》
指导老师：陶霏霏

61

姓名：朱雅
作品名：《第二人生》
指导老师：谢燕淞

62

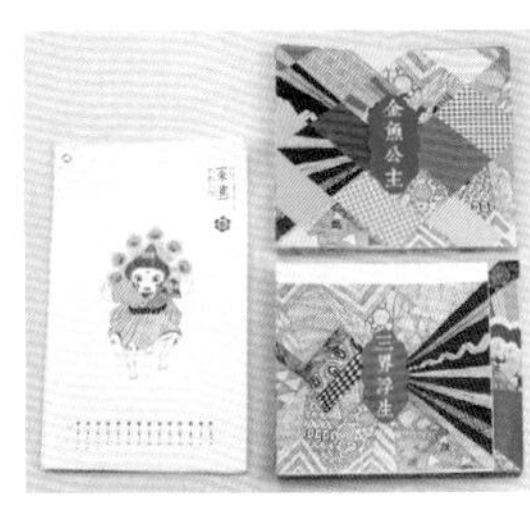

姓名：何心一
作品名：《三界浮生》
指导老师：何方

63

姓名：梅祎
作品名：《孤独的维度》
指导老师：何方

64

姓名：戚羽丝
作品名：《ed》
指导老师：蒋杰

65

姓名：石春
作品名：《那些姐妹》
指导老师：蒋杰、姚翔宇

汕头大学长江艺术与设计学院

入围奖（7 本）

66

姓名：林静洁
作品名：《古诗十九首》
指导老师：蔡奇真

67

姓名：陈玳加
作品名：《84'Charing Cross Road》
指导老师：蔡奇真

68

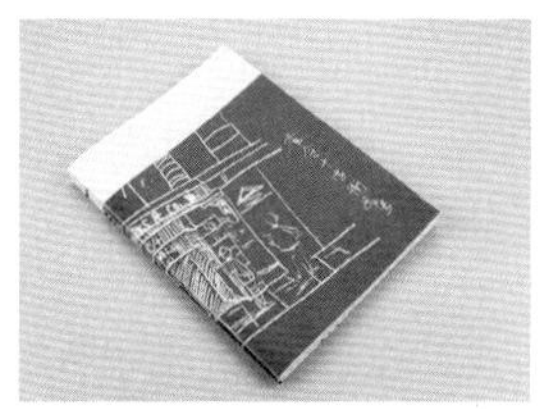

姓名：李京霞
作品名：《查令十字街 84 号》
指导老师：蔡奇真

69

姓名：梁晓颖
作品名：《笑不笑书》
指导老师：蔡奇真

70

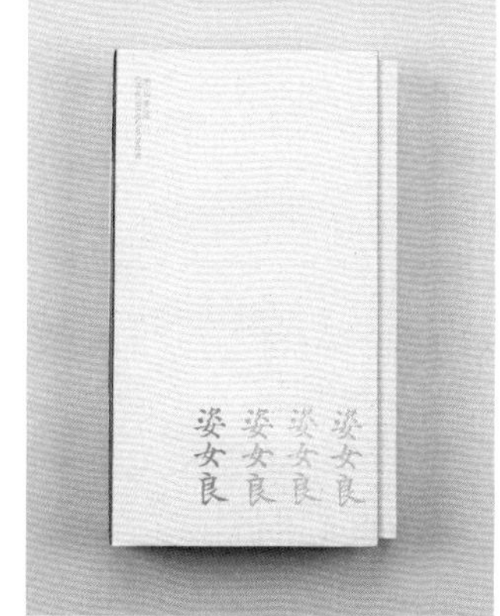

姓名：曾玲毅
作品名：《姿女良》
指导老师：蔡奇真

71

姓名：李敏
作品名：《查令十字街 84 号》
指导老师：吕敬人

72

姓名：陈雅玲
作品名：《古诗十九首》
指导老师：蔡奇真

四川音乐学院成都美术学院

入围奖（11 本）

73

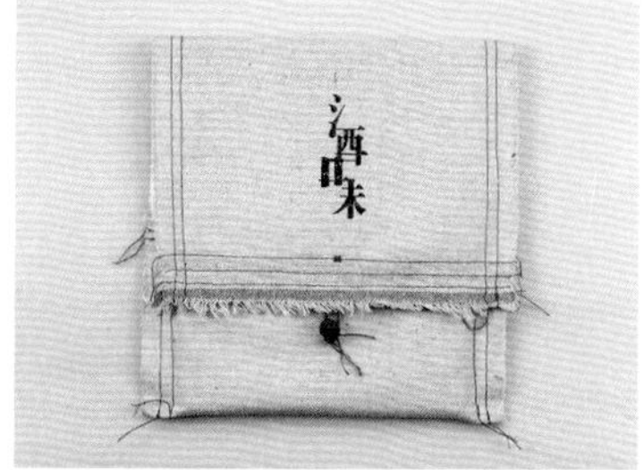

姓名：黄雪琦
作品名：《酒味》
指导老师：罗时宝

74

姓名：李古
作品名：《邦德时刻》
指导老师：周靖明

75

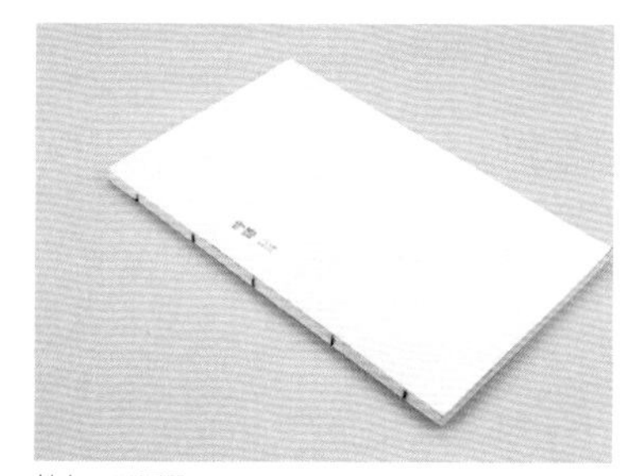

姓名：王夏雯
作品名：《时语》
指导老师：周靖明

76

姓名：李倩茹
作品名：《酒来》
指导老师：罗时宝

77

姓名：王铭
作品名：《邛酒》
指导老师：罗时宝

78

姓名：刘念
作品名：《铅言万语》
指导老师：周靖明

79

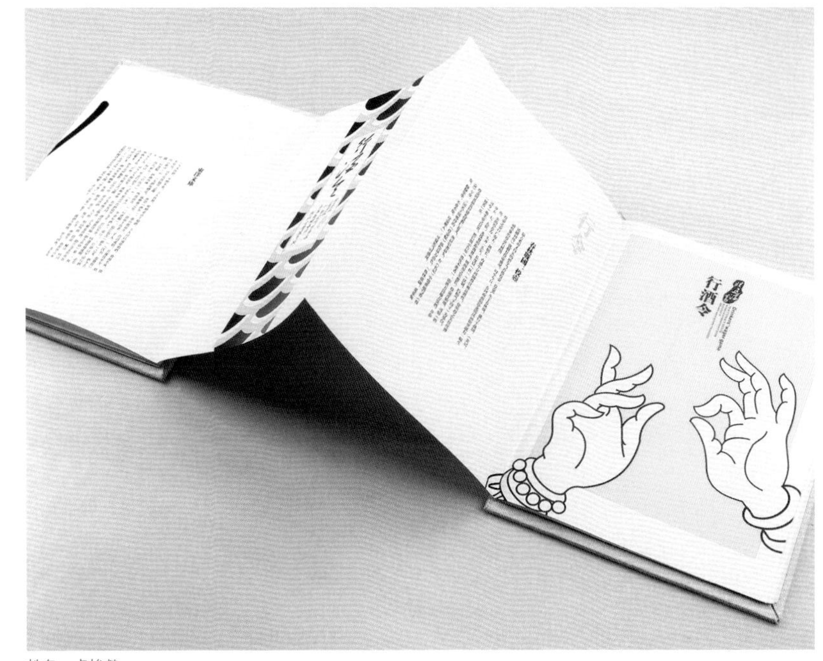

姓名：卢梭燚
作品名：《邛崃——酒令》
指导老师：罗时宝

80

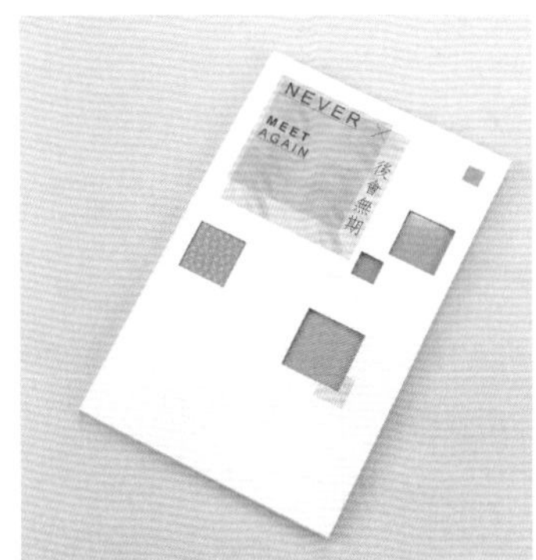

姓名：朱亚玲
作品名：《后会无期》
指导老师：周靖明

81

姓名：杨天龙
作品名：《酒》
指导老师：罗时宝

82

姓名：肖霁芸
作品名：《白酒》
指导老师：罗时宝

83

姓名：吴琼娣
作品名：《酒醉》
指导老师：罗时宝

四川美术学院

入围奖（5本）

84

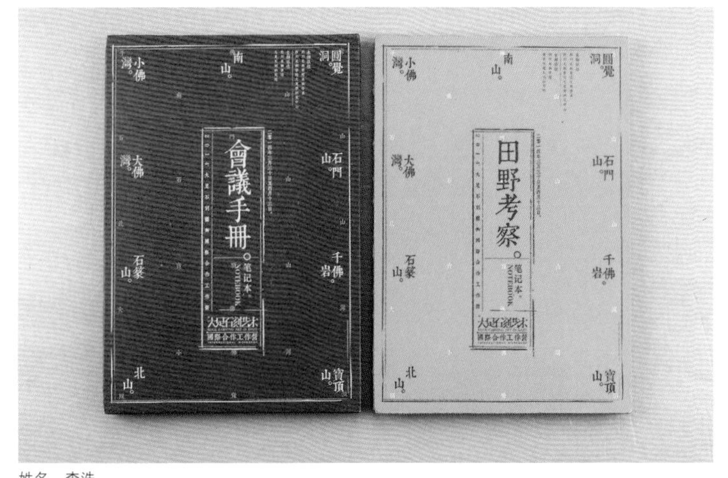

姓名：李浩
作品名：《2014' 大足石刻艺术国际合作工作营》会议及田野考察手册设计
指导老师：詹文瑶

85

姓名：唐雨荷
作品名：《与物质对话》
六只鱼漆艺工作室推荐图册
指导老师：向海涛

86

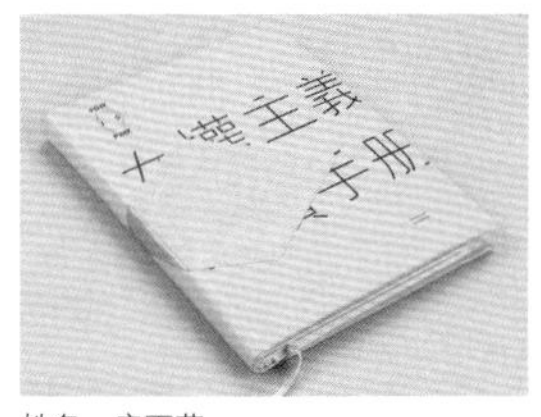

姓名：唐雨荷
作品名：《pink is pink 女权主义识读手册》
指导老师：向海涛

87

姓名：陈奥林
作品名：《水经注节选》
指导老师：邵常毅、谭璜、金洪钢

88

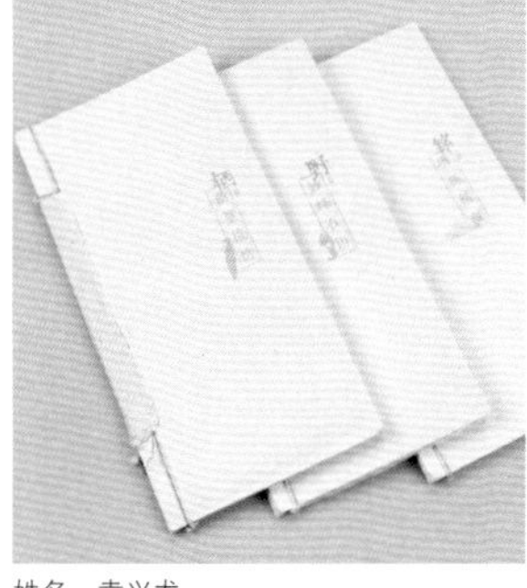

姓名：袁兴龙
作品名：《栖野铭心》

重庆工商大学管理学院

入围奖（1本）

92

姓名：张超
作品名：《心情的一天》
指导老师：李昱靓

重庆工商大学艺术学院

入围奖（8本）

89

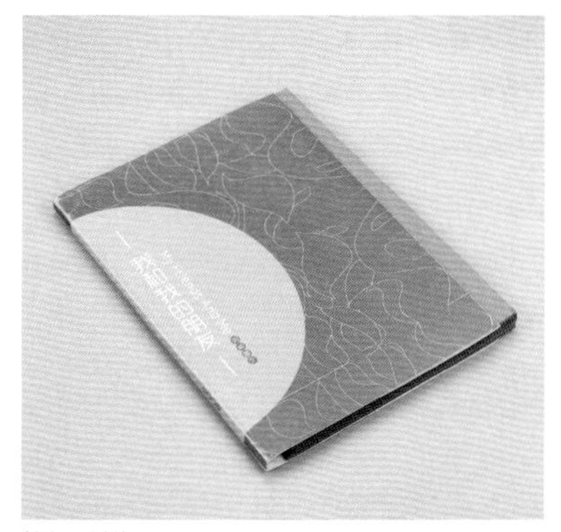

姓名：刘帅
作品名：《我和我的朋友们》
指导老师：李昱靓

90

姓名：江佳心
作品名：《JOANNA》
指导老师：李昱靓

91

姓名：李思佳
作品名：《命运》
指导老师：李昱靓

重庆第二师范学院美术系

入围奖（3 本）

93

姓名：李利川
作品名：《生·息》
指导老师：李昱靓

94

姓名：刘腾文
作品名：《你的，我的，我们的初恋》
指导老师：李昱靓

95

姓名：付玉凤
作品名：《拆》
指导老师：李昱靓

96

姓名：耿伟鑫
作品名：《The Angel City》
指导老师：李昱靓

97

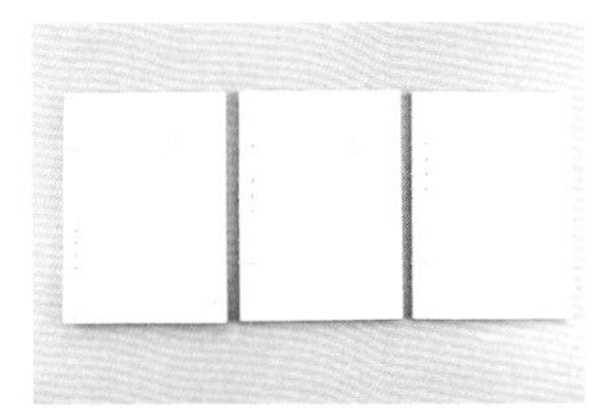

姓名：龙佳
作品名：《寻找》
指导老师：李昱靓

99

姓名：谌晓琳
作品名：《蝴蝶 / 谁是杀手 / 每个人都是医生》
指导老师：李昱靓

100

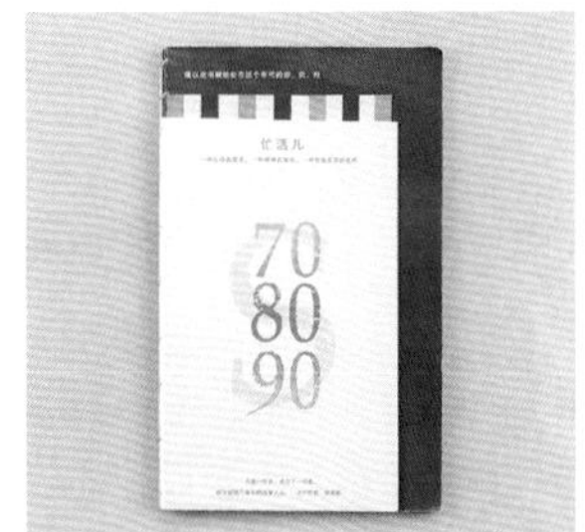

姓名：夏月明
作品名：《70 80 90》碎碎恋
《70 80 90》家常事
《70 80 90》忙活儿
指导老师：李昱靓

98

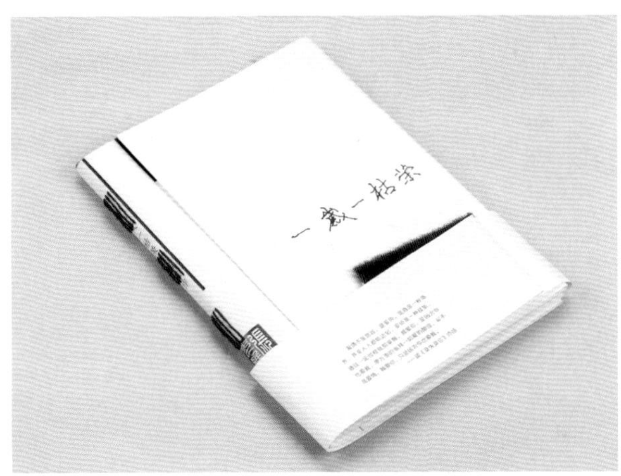

姓名：张一雅
作品名：《一岁一枯荣》
指导老师：李昱靓

鲁迅美术学院大连校区

入围奖（10 本）

101

姓名：王威鉴
作品名：《菌》
指导老师：赵璐、张超

102

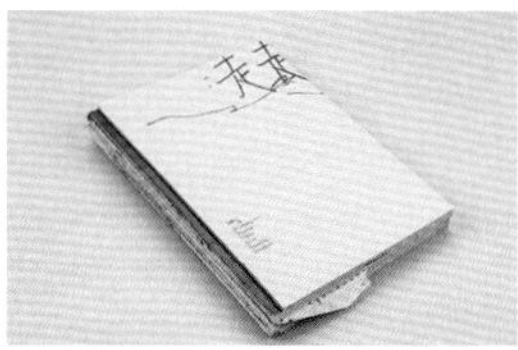

姓名：杨桂聪
作品名：《走走》
指导老师：孙屹

103

姓名：姚雨萌
作品名：《老行当》
指导老师：周婧

104

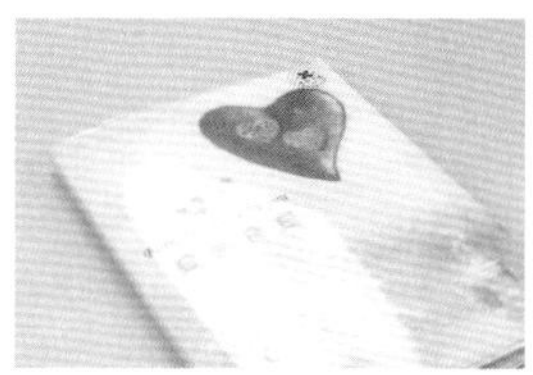

姓名：竺昱墨
作品名：《怪物图鉴》
指导老师：孙屹

105

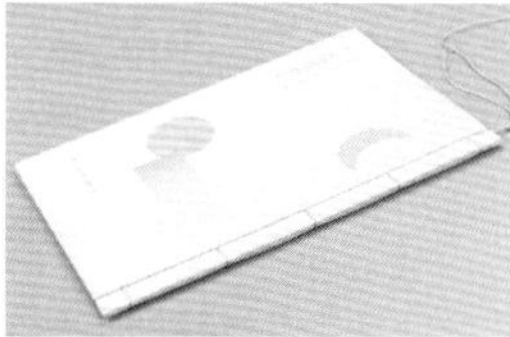

姓名：官笑男
作品名：《志摩的诗》
指导老师：孙屹

106

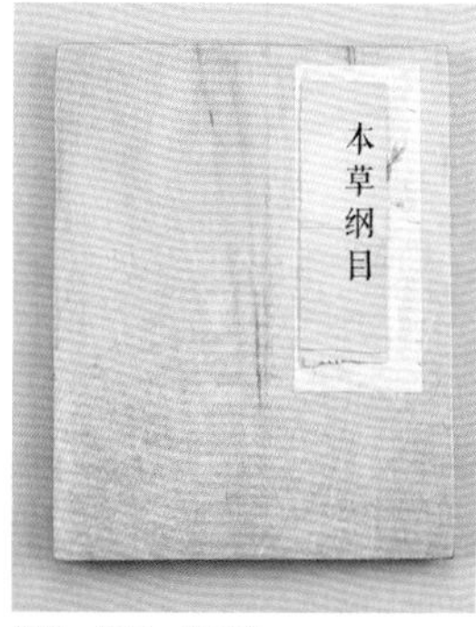

姓名：唐昆、王威鉴
作品名：《本草纲目》
指导老师：赵璐、王小枫、张超

107

姓名：于唐宏、徐鹏、沈子熙、张诗泽、程前
作品名：《中国美术史简编》
指导老师：赵璐、王小枫、史金玉、张超

108

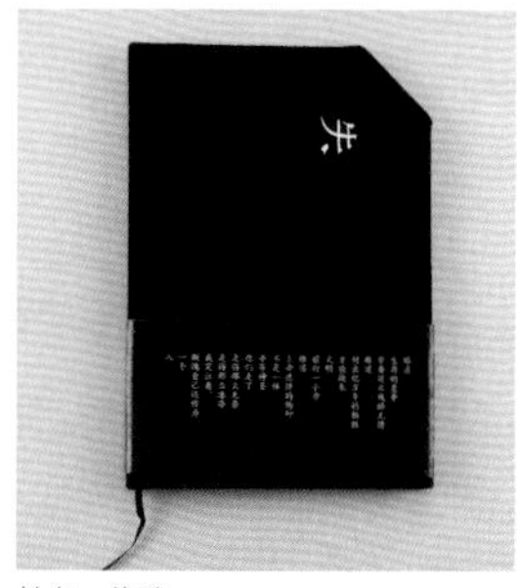

姓名：徐鹏
作品名：《失》
指导老师：赵璐、张超

109

姓名：张严心
作品名：《求解》
指导老师：赵璐、张超

110

姓名：张超
作品名：《井底之蛙》
指导老师：李嵘

鲁迅美术学院

入围奖（5 本）

111

姓名：王迪
作品名：《了解 记录 等待》
指导老师：张东明、李嵘

112

姓名：郝思阳
作品名：《趣》
指导老师：张东明、李嵘

113

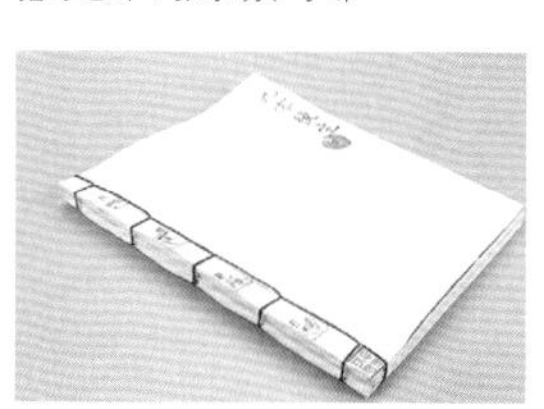

姓名：樊娟
作品名：《九零后生》
指导老师：张东明、李嵘

114

姓名：林汝佳、单惟
作品名：《折》

115

姓名：潘惠文
作品名：《老木匠》
指导老师：张东明、李嵘

江南大学设计学院

入围奖（7 本）

116

姓名：翟敏慧
作品名：《冯・唐诗百首》
指导老师：姜靓

姓名：刘小梅
作品名：《村上春树文集》
指导老师：姜靓

118

姓名：曾婷
作品名：《病隙碎笔》
指导老师：姜靓

119

姓名：戴晓月
作品名：《牧羊少年奇幻之旅》
指导老师：姜靓

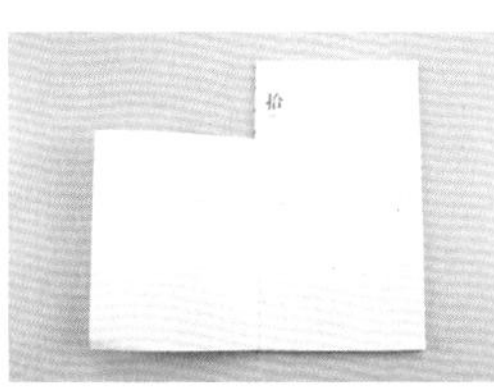

姓名：蔡文娟
作品名：《拾》
指导老师：姜靓

姓名：刘旭
作品名：《毛主席文选》
指导老师：姜靓

120

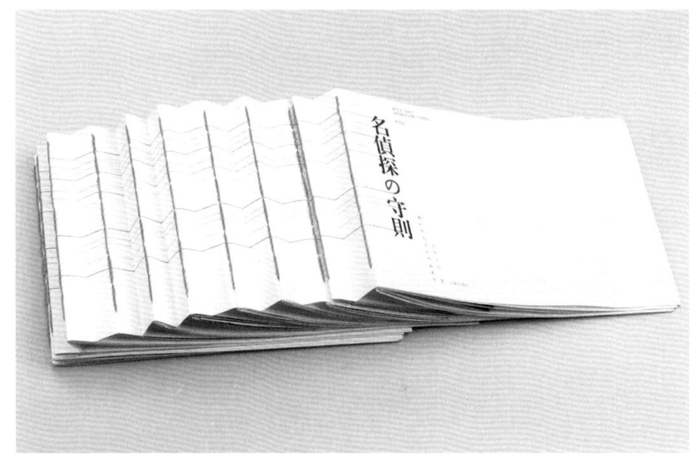

姓名：何天意
作品名：《名侦探的守则》
指导老师：姜靓

江苏师范大学美术学院

入围奖（2 本）

123

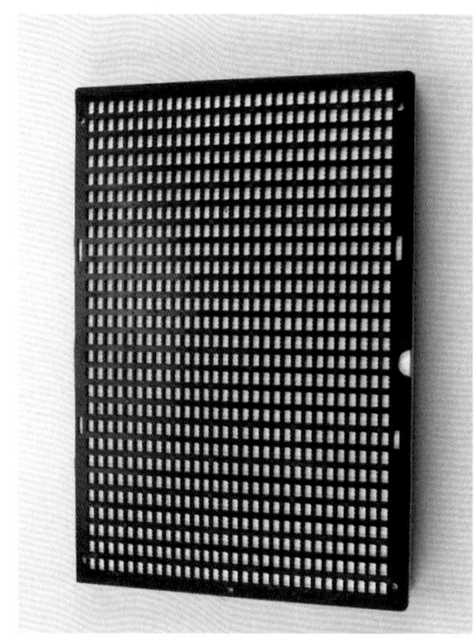

姓名：马玲芳
作品名：《纸指》
指导老师：肖丹、窦勤军

124

姓名：陈文飞
作品名：《闲和・无为》
指导老师：肖丹、窦勤军

江苏第二师范学院

入围奖（2 本）

125

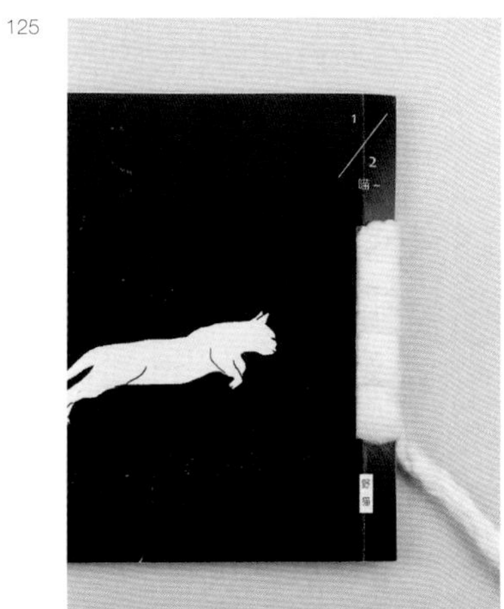

姓名：晏聪
作品名：《1/2 喵～》
指导老师：路明

126

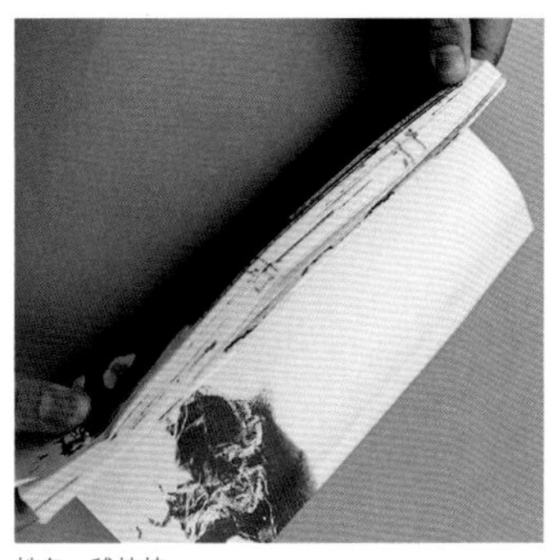

姓名：稽楠楠
作品名：《无有》
指导老师：路明

江汉大学设计学院

入围奖（5 本）

127

姓名：石又方
作品名：《望 高考》

128

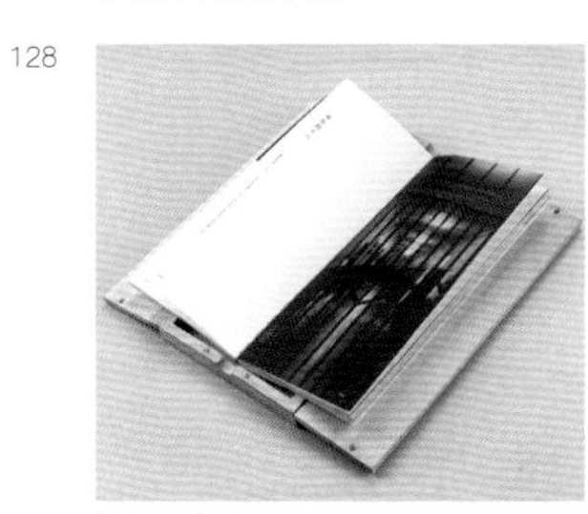

姓名：李洋
作品名：《戒尺》

129

姓名：马亚楠
作品名：《tasty 考研英语词汇》

130

姓名：陈惠豪
作品名：《城管》

131

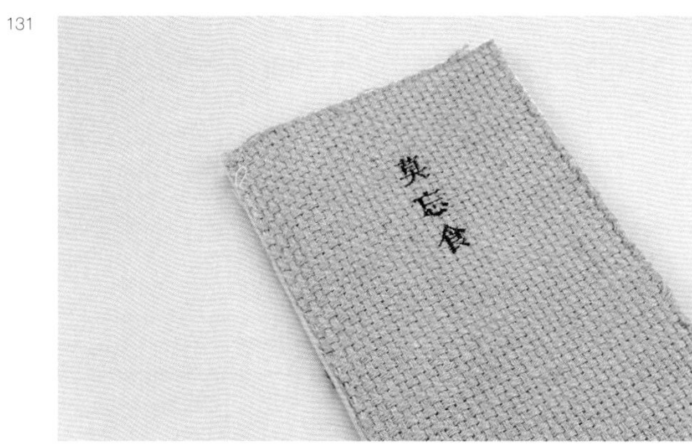

姓名：刘丽华
作品名：《莫忘食》
指导老师：平面教研室

湖北美术学院设计系

入围奖（14 本）

132

姓名：艾天行
作品名：《来往》
指导老师：田智文、戴萌、刘硕

133

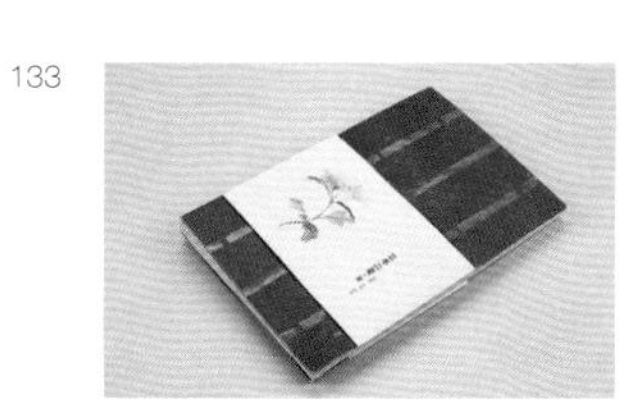

姓名：吴萍、杨颜
作品名：《三冬二夏 果》
指导老师：刘瑗、陈保红

134

姓名：贺晓旭
作品名：《乡土中国》
指导老师：田智文、戴萌、刘硕

135

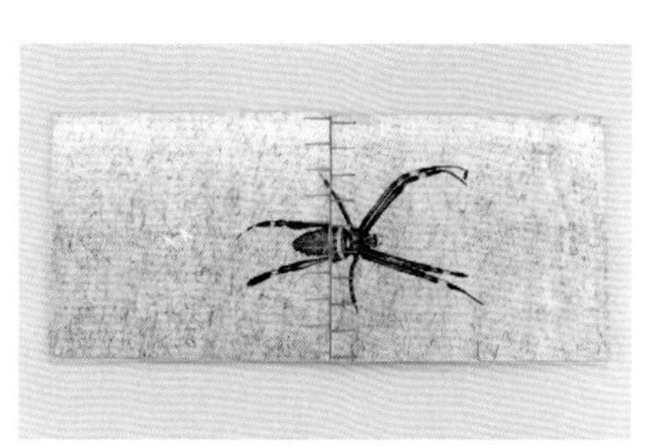

姓名：肖璇
作品名：《昆虫记》
指导老师：刘瑗、郭召明

136

姓名：陈亚芹、沈小乔
作品名：《三冬二夏 花》
指导老师：刘瑗、陈保红

137

姓名：高立玮、梅煜幸
作品名：《Snow Rabbit》
指导老师：鲁琼阳

138

姓名：陈宝铷
作品名：《植物知道生命的答案》
指导老师：戴萌、田智文、刘硕

139

姓名：樊宇翔
作品名：《元散曲一百首》
指导老师：田智文

140

姓名：陈咏仪
作品名：《阴道独白》
指导老师：戴萌、田智文、刘硕

141

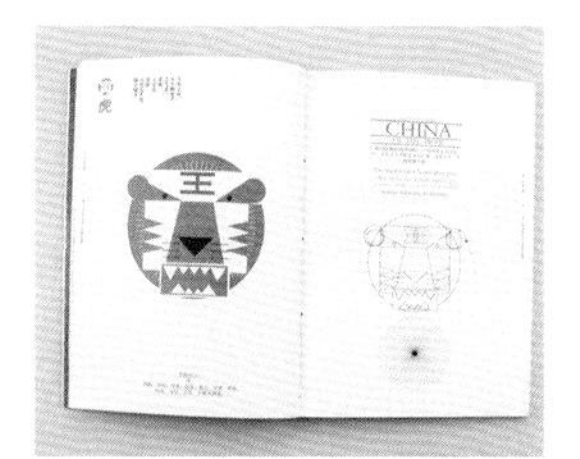

姓名：毛多娇
作品名：《十二生肖》
指导老师：戴萌、田智文、刘硕

142

姓名：王婷艳
作品名：《喂，出来》
指导老师：戴萌、田智文、刘硕

143

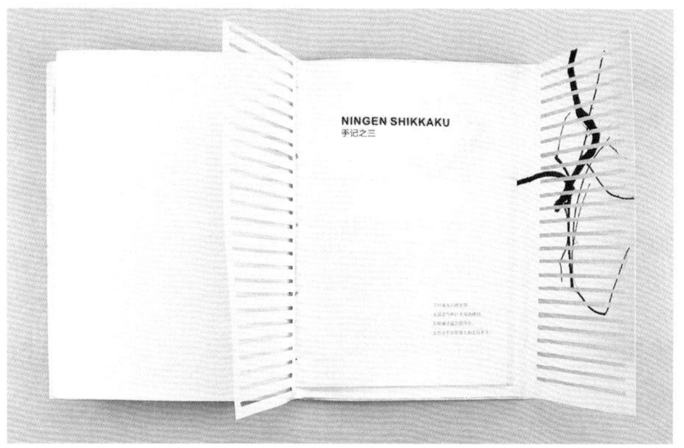

姓名：林子涵
作品名：《人间失格》
指导老师：戴萌、田智文、刘硕

144

姓名：魏明庭、彭小伊、张曼
作品名：《额尔古纳河右岸》
指导老师：刘瑗、陈保红

145

姓名：周瑞
作品名：《病房》
指导老师：田智文、戴萌、刘硕

吉林艺术学院

入围奖（17 本）

146

姓名：廖宜婷
作品名：《情书》
指导老师：朱梅、郭昱峰

148

姓名：苏欣
作品名：《花生米》
指导老师：李新宇、陈永利、郭昱峰

149

姓名：王天琦
作品名：《病·药》
指导老师：郭昱峰

152

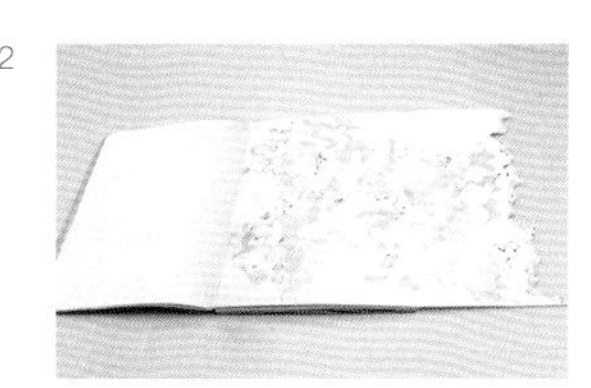

姓名：赵倩颖
作品名：《小滩》
指导老师：郭昱峰

153

姓名：陈荟玉
作品名：《小胖子的病症》
指导老师：朱梅、郭昱峰

147

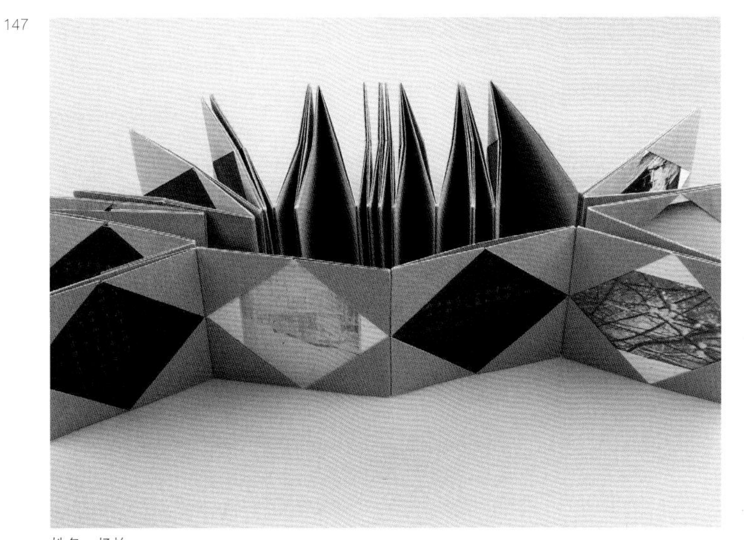

姓名：杨怡
作品名：《旧时光》
指导老师：朱梅、郭昱峰

154

姓名：王睿
作品名：《朔雪》
指导老师：郭昱峰

155

姓名：贾涵
作品名：《嘘》
指导老师：郭昱峰、李新宇、陈永利

150

姓名：曲悦
作品名：《取悦》
指导老师：徐欣、郭昱峰

151

姓名：李木子、胡娟
作品名：《相由心生》
指导老师：朱梅、郭昱峰

156

姓名：李昕睿
作品名：《白诗》
指导老师：郭昱峰、李新宇、陈永利

157

姓名：张瑞琪
作品名：《夏天不下雨》
指导老师：郭昱峰

158

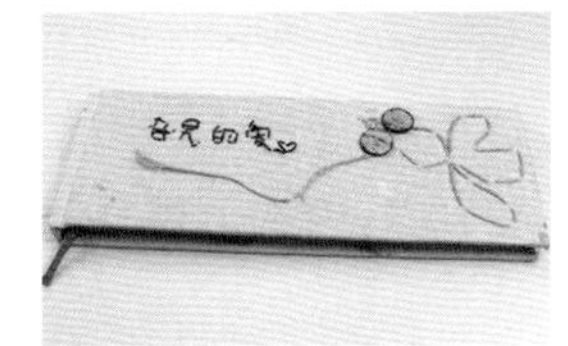

姓名：朱柯融
作品名：《旮旯的爱》
指导老师：朱梅、郭昱峰

159

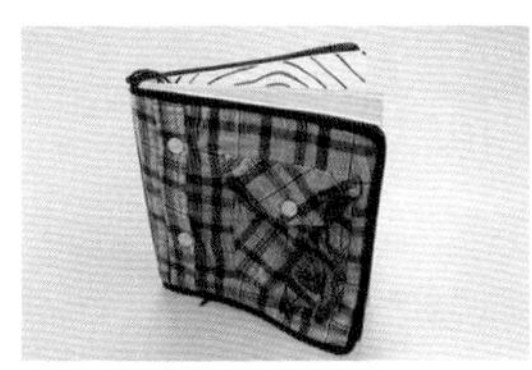

姓名：秦桥
作品名：《同样·怕》
指导老师：朱梅、郭昱峰

160

姓名：李茜雅
作品名：《雨味》
指导老师：郭昱峰

161

姓名：赵双双
作品名：《叶子》
指导老师：郭昱峰、李新宇、陈永利

162

姓名：秦蒙蒙
作品名：《长白山》
指导老师：钱娜

中央民族大学

入围奖（11 本）

163

姓名：叶宝岩
作品名：《基因怪人》
指导老师：张志伟

164

姓名：张星芹
作品名：《遇见电影》
指导老师：张志伟

165

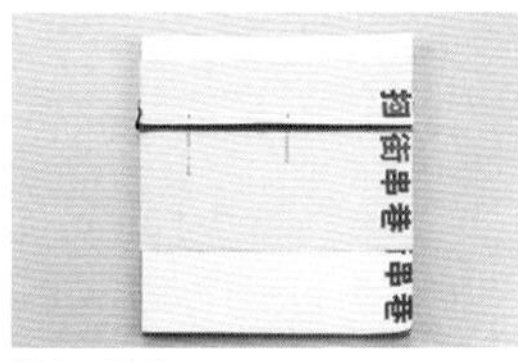

姓名：于璐
作品名：《扫街串巷》
指导老师：张志伟

166

姓名：迟雨飞
作品名：《汉字》
指导老师：张志伟

167

姓名：韩杰
作品名：《太极养生》
指导老师：张志伟

168

姓名：杨婉鋆
作品名：《绪》

169

姓名：王涵
作品名：《东北制造》
指导老师：张志伟

170

姓名：叶宝岩
作品名：《酱婶的》
指导老师：张志伟

171

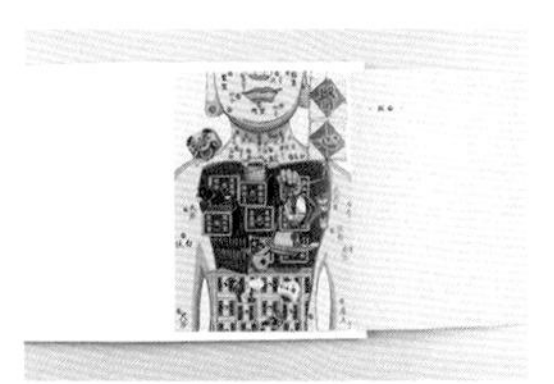

姓名：王苗苗
作品名：《医心药方》
指导老师：张志伟

172

姓名：郭沛然
作品名：《我人生的三件事》
指导老师：张志伟

173

姓名：王铭浩
作品名：《过年》
指导老师：张志伟

西安美术学院

入围奖（13 本）

174

姓名：林艳红
作品名：《人生》
指导老师：程甘霖

175

姓名：米玉洁
作品名：《十个词汇里的中国》
指导老师：程甘霖

176

姓名：张梦怡
作品名：《卜鸟》

177

姓名：王盼文
作品名：《流浪猫的故事》
指导老师：王宏香

178

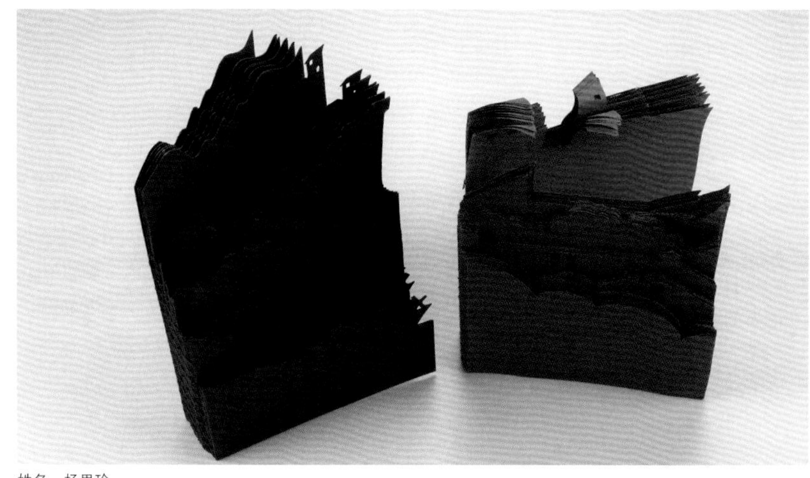

姓名：杨思玲
作品名：《蓝色记忆、红色记忆》
指导老师：王宏香

179

姓名：刘明骅
作品名：《小王子》
指导老师：程甘霖

180

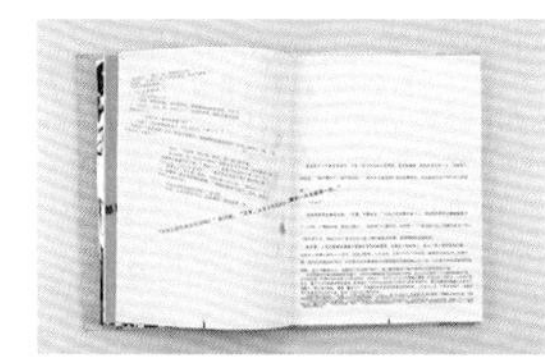

姓名：马爱
作品名：《理想国》
指导老师：程甘霖

181

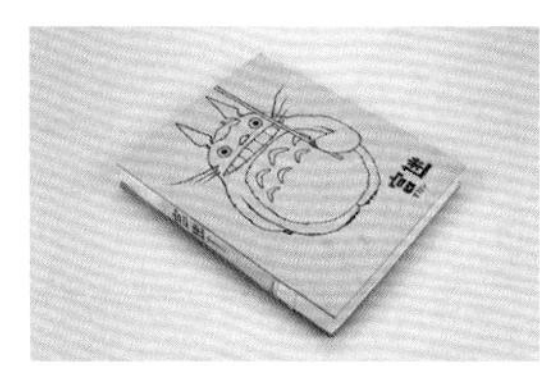

姓名：齐希平
作品名：《宫迷》
指导老师：付斌

182

姓名：李姗蓉
作品名：《告别薇安》
指导老师：程甘霖

183

姓名：刘羽欣
作品名：《疯子在左，天才在右》
指导老师：程甘霖

184

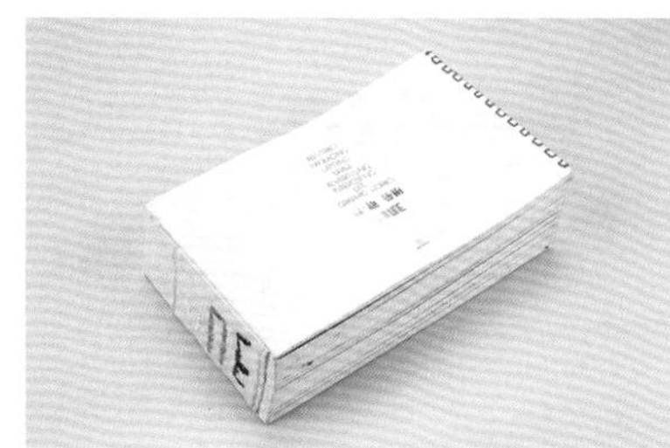

姓名：张芹
作品名：《线趣艺术》

185

姓名：张力文
作品名：《工业时代》
指导老师：王宏香

186

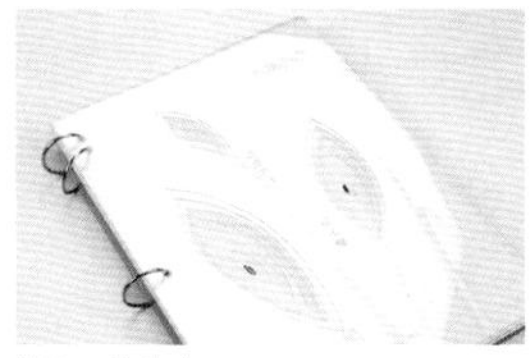

姓名：张清珍
作品名：《时间漩涡》

西南大学

入围奖（2 本）

187

姓名：饶云淇
作品名：《幼谚》

188

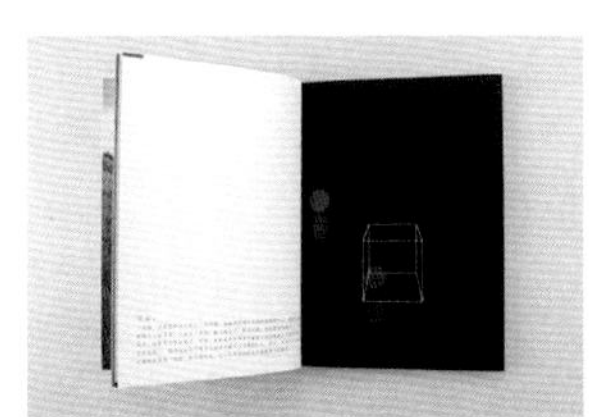

姓名：饶云淇
作品名：《自然陈述》

华侨大学

入围奖（2 本）

189

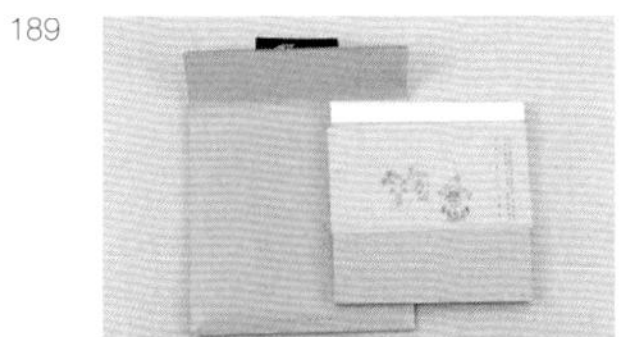

姓名：郑持恒、尚刘阳
作品名：《物念》
指导老师：赵炎龙

190

姓名：高冉
作品名：《看得见》
指导老师：赵炎龙

杭州师范大学

入围奖（5 本）

191

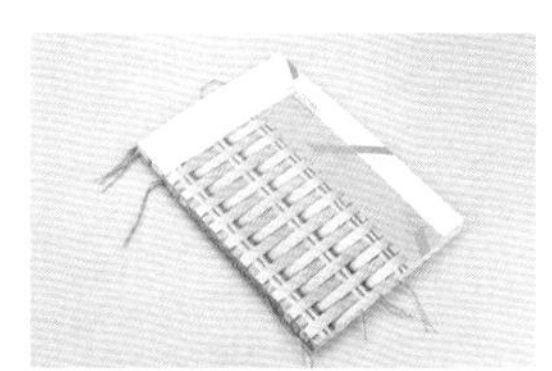

姓名：吴丽萍
作品名：《交织线》
指导老师：朱珺

192

姓名：邹悠扬
作品名：《雕刻东阳・木》
指导老师：朱珺

193

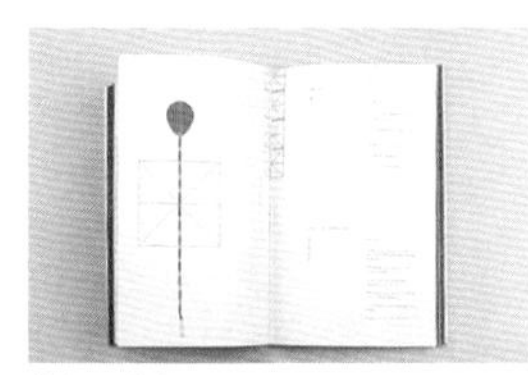

姓名：徐含景
作品名：《一二三四五六七八九十》
指导老师：朱珺

194

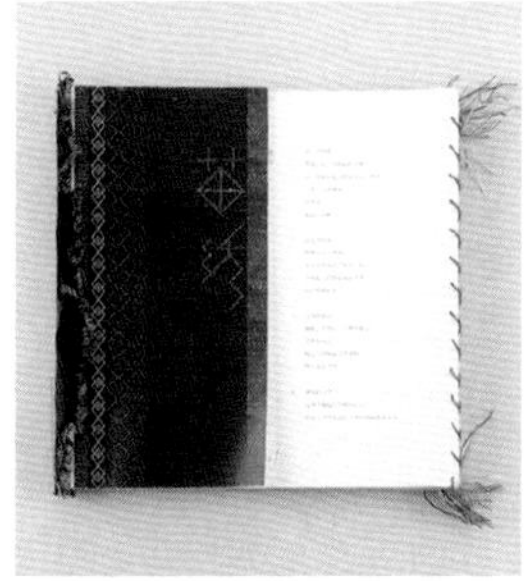

姓名：潘桂霞
作品名：《苗绣》
指导老师：朱珺

195

姓名：余嘉桦
作品名：《鞠了个球》
指导老师：朱珺

首都师范大学

入围奖（8本）

196

姓名：无名
作品名：《宝宝包包》

197

姓名：林晓翠
作品名：《一样的我们》

198

姓名：胡龄丹
作品名：《艺术资讯》

199

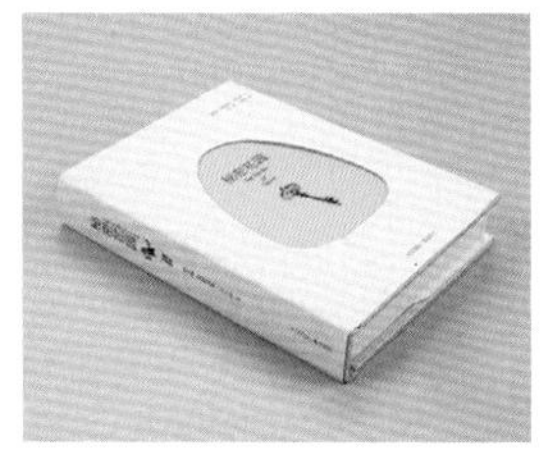

姓名：无名
作品名：《秘密花园》

200

姓名：无名
作品名：《汉字王国》

201

姓名：刘传辉
作品名：《我所有的朋友都死了》

202

姓名：钟彩君
作品名：《人生的标符》

203

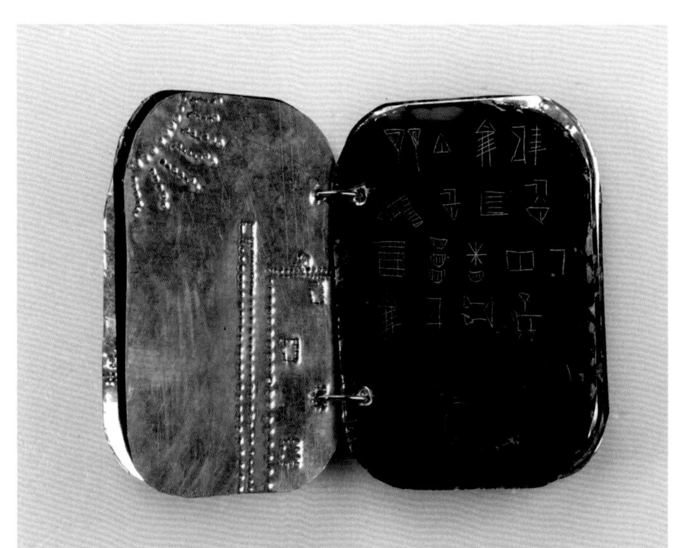

姓名：刘彦佐
作品名：《手工书》

北京城市学院

入围奖（5本）

204

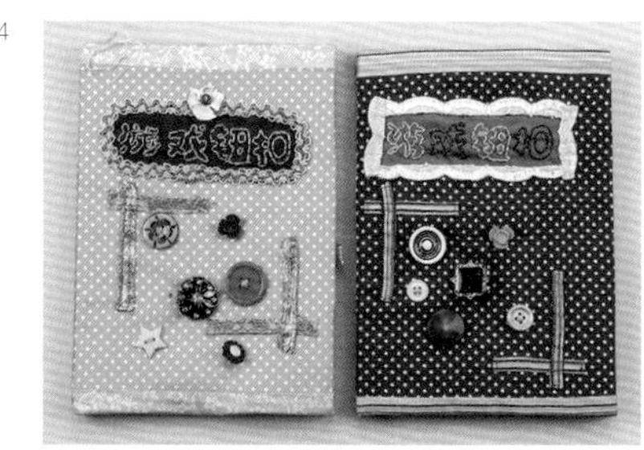

姓名：闫妍
作品名：《游戏钮扣》
指导老师：张亚玲

205

姓名：王洋
作品名：《缺失的语文课之汉语拼音》
指导老师：任丽凤

香港知专设计学院

入围奖（8 本）

206

姓名：吴尘潇
作品名：《绘梦之卷》
指导老师：任丽凤

207

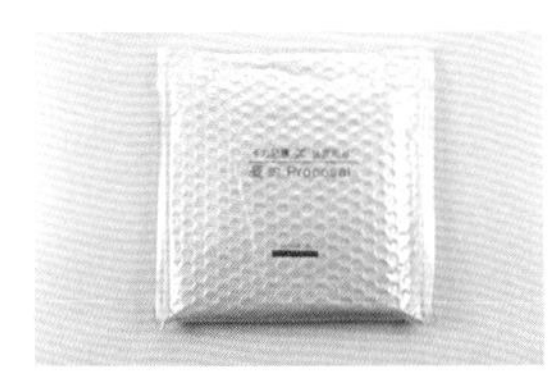

姓名：邱肖莉
作品名：《卡力尼娜与佛雷斯基爱的 proposal》
指导老师：任丽凤

208

姓名：彭燕
作品名：《绘本，从心出发》
指导老师：张亚玲

209

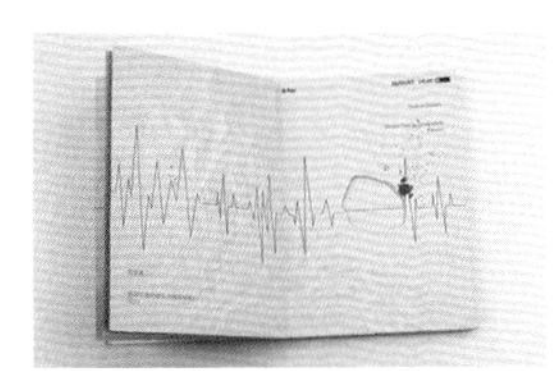

姓名：李淑恩
作品名：《127 小时》
指导老师：张亚玲

210

姓名：李珈妍
作品名：《127 小时》

211

姓名：林世超
作品名：《Flight Club》

212

姓名：Yip Tung Chi_Tsang Wai Shan
作品名：《关我屁事》

213

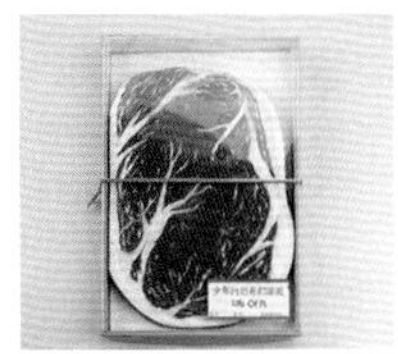

姓名：周晓晴
作品名：《少年 Pi 的奇幻漂流》

214

姓名：邹祝如
作品名：《查令十字街 84 号》

215

姓名：李珈妍
作品名：《满江红》

216

姓名：YU Chi Chong
作品名：《蒸笼解构》

安徽师范大学美术学院

入围奖（3本）

217

姓名：刘旭东
作品名：《小丑的内心世界》
指导老师：钱昀

218

姓名：郭辰
作品名：《脸盲》
指导老师：钱昀

219

姓名：王双双
作品名：《生活中的创意手工》
指导老师：钱昀

山东工艺美术学院

入围奖（4本）

220

姓名：张一鸣 、彭强
作品名：《岁月留声》
指导老师：杜明星、唐国峻

221

姓名：谭玲、李祥涛
作品名：《人生若只如初见》
指导老师：张培源、朱爱军

222

姓名：汤雨桐
作品名：《蝶》
指导老师：杜明星

223

姓名：高霄帆
作品名：《情书》
指导老师：杜明星、唐国峻

山东艺术学院

入围奖（2本）

224

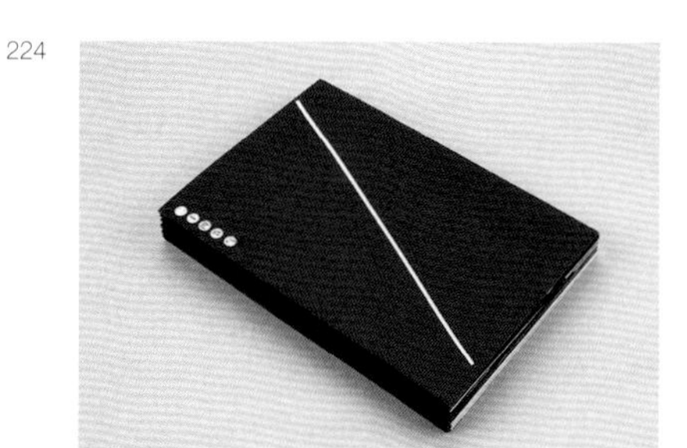

姓名：陈潞
作品名：《二十四节气》
指导老师：郑军

225

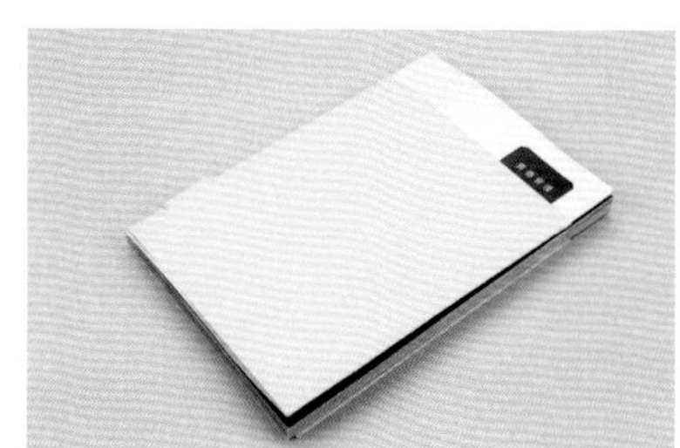

姓名：陈潞
作品名：《青春背影》
指导老师：郑军

广西师范大学

入围奖（5本）

226

姓名：杨传芳
作品名：《脑有一片海》
指导老师：汤小胤

227

姓名：李湘
作品名：《本草纲目》
指导老师：何平静

228

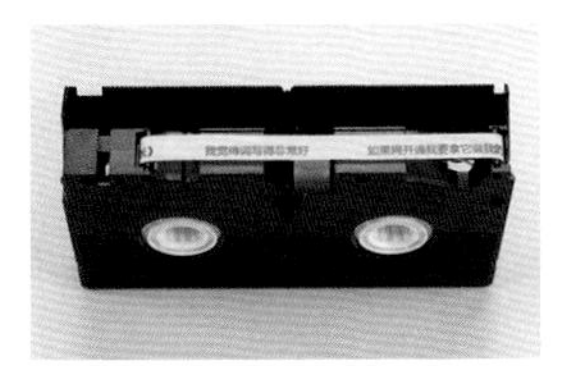

姓名：李婷玉
作品名：《生命的单行道》
指导老师：何平静

229

姓名：李凯敏
作品名：《诗经》
指导老师：何平静

230

姓名：李慧
作品名：《图形新语》
指导老师：何平静

广州美术学院

入围奖（2本）

231

姓名：李稔君
作品名：《袖珍苏轼集》

232

姓名：仇明轩
作品名：《圆点抵念》

北方工业大学建筑与艺术学院

入围奖（3本）

233

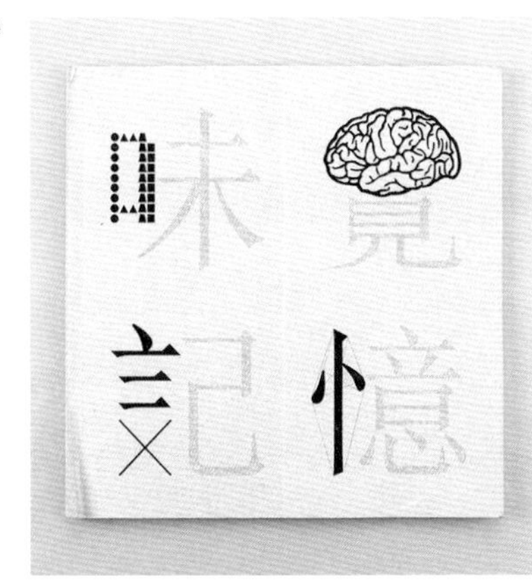

姓名：金鱼
作品名：《味觉记忆》

234

姓名：安彤
作品名：《我的童年狂想曲》

235

姓名：张文轩
作品名：《我的妹妹才没那么可爱》

广西艺术学院设计学院

入围奖（1本）

236

姓名：李忠澎
作品名：《半块砖》
指导老师：熊燕飞

四川大学艺术学院

入围奖（1本）

237

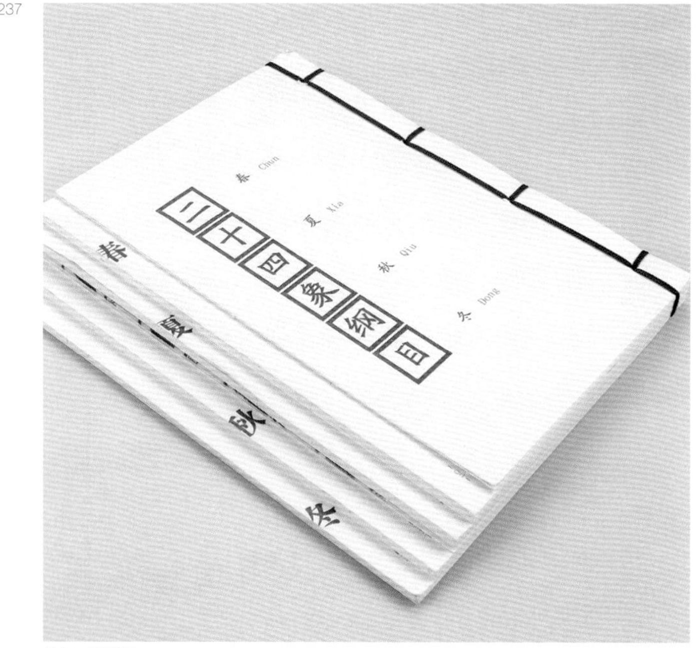

姓名：李晓蓉
作品名：《二十四象纲目》

鲁东大学艺术学院

入围奖（1本）

238

姓名：刘田军
作品名：《边走边画》

湖北工业大学

入围奖（1本）

239

姓名：钟心怡
作品名：《书信》
指导老师：王天甲

中国人民大学

入围奖（1本）

240

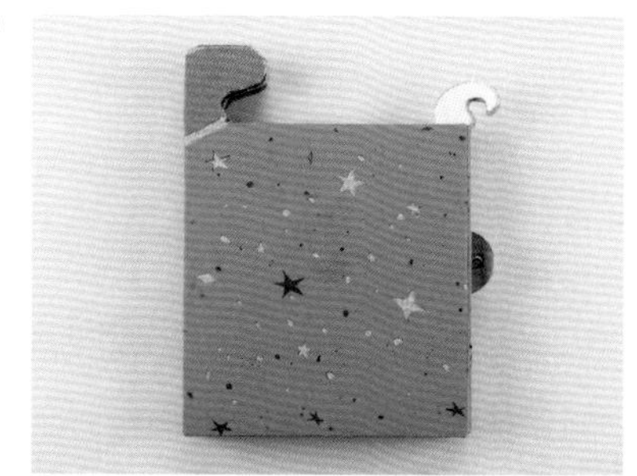

姓名：薛禹滢
作品名：《Halloween》
指导老师：吴文越

北京林业大学

入围奖（1本）

241

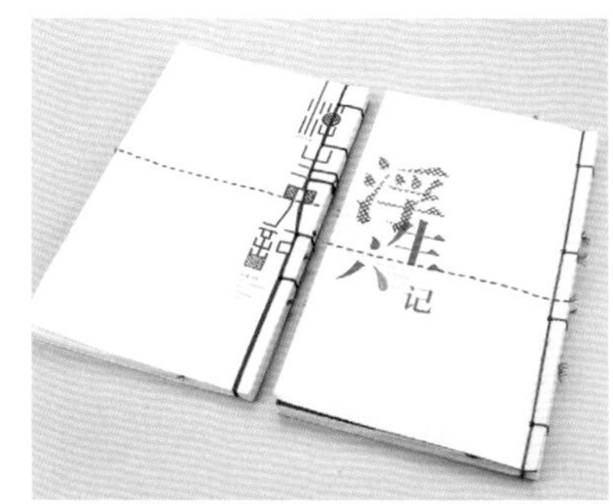

姓名：黎影
作品名：《浮生六记书籍设计》
指导老师：李湘媛

山东管理学院艺术学院

入围奖（2本）

243

姓名：苏娅
作品名：《我的童年》
指导老师：吴中昊、王锐

244

姓名：王婷
作品名：《信》
指导老师：吴中昊、王锐

北京印刷学院

入围奖（1本）

242

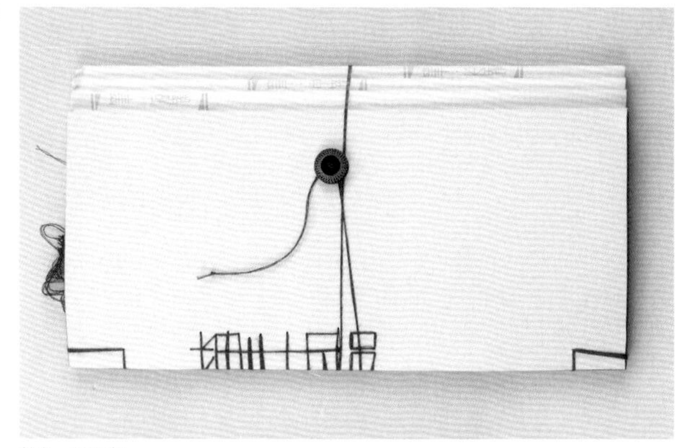

姓名：樊思宇
作品名：《笔·语》
指导老师：夏小奇

常熟理工学院

入围奖（1本）

245

姓名：张楚皓
作品名：《百家姓散文集》
指导老师：张振波

西南交通大学

入围奖（1本）

246

姓名：孙晓雯
作品名：《中国古代鱼纹设计》（系列书籍）
指导老师：万萱

青岛农业大学

入围奖（1本）

248

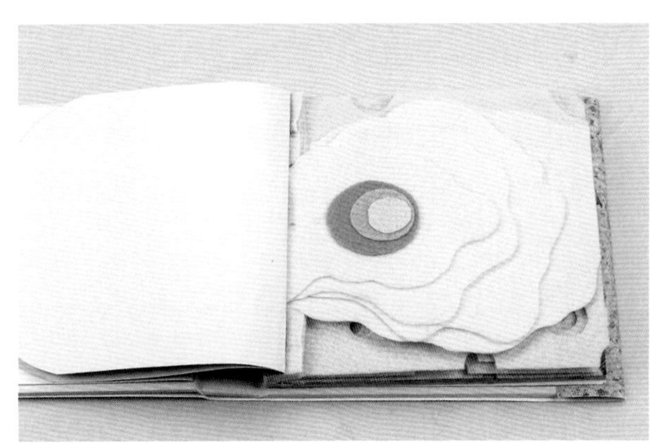

姓名：刘阳
作品名：《〈食〉光》
指导老师：邢雅琴

大连艺术学院

入围奖（1本）

247

姓名：徐乐乐
作品名：《幼儿读物》
指导老师：王禹

上海杉达学院

入围奖（1本）

249

姓名：盛雍璐
作品名：《正能量大于负能量》
指导老师：孙源

惠州学院

入围奖（1本）

250

姓名：廖丹
作品名：《性本爱丘山》
指导老师：吴冠聪

长沙师范

入围奖（1 本）

251

姓名：欧阳敏慧
作品名：《都是爱》
指导老师：荆世鹏

华中师范大学美术学院

入围奖（1 本）

252

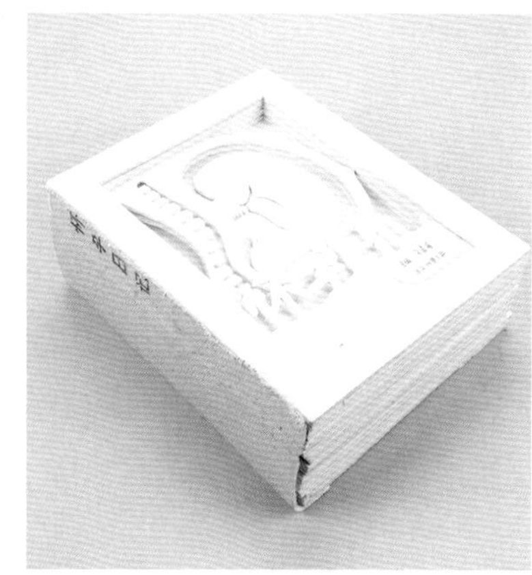

姓名：宋晨睿、余振
作品名：《怀孕日记》
指导老师：艾欢

中央美术学院

入围奖（4 本）

253

姓名：胡海涛
作品名：《to gather》
指导老师：宋携伟、吴帆

254

姓名：刘昱玥
作品名：《KOAN》

255

姓名：钱璐
作品名：《研展 2014——中央美术学院 2014 届研究生毕业作品》
指导老师：王子源

256

姓名：孙小棠
作品名：《无脸人》
指导老师：宋协伟

大赛组织奖

10 所院校

中央美术学院

重庆工商大学艺术学院

厦门大学

吉林艺术学院

首都师范大学

广州美术学院

四川音乐学院成都美术学院

南京艺术学院

厦门理工学院

西安美术学院

郑在勇

不是看到，而是感受到

——书籍设计家郑在勇访谈录

郑在勇

郑在勇 (1934.12—)
著名书籍设计家
中国美术家协会会员
广东中山人
曾任人民音乐出版社美术编辑室主任
中国出版工作者协会装帧艺术委员会委员
人民音乐出版社编审
享受国务院特殊津贴
作品入选第二、三、四届
全国书籍装帧艺术展等
封面设计《论指挥》
《音乐是不会死亡的》《樱花》
《论钢琴表演艺术》
在全国书籍装帧展览中获奖

韩湛宁

设计师
汕头大学长江艺术与设计学院教授
中国出版协会装帧艺术工作委员会常务委员
深圳亚洲铜设计顾问有限公司创意总监
曾任深圳市平面设计协会秘书长
“平面设计在中国”执委会秘书长等职
设计作品曾在国内外获奖数十项
曾参加英国 V&A 博物馆“创意中国”展等
多个重要国际展览
作品被多国博物馆收藏
近年亦致力于设计写作
撰写设计专栏等

郑在勇之设计历程

音乐与美术的启蒙

韩湛宁 ＞郑老师，您从少年时代热爱音乐和美术，到后来从事了与音乐和美术都相关的音乐书籍设计工作。我想知道这是一个怎样的历程。我们从您的成长开始聊起，可以吗？

郑在勇 ＞我出生于 1934 年，父母都是久居上海的广东人。父亲是一家公司的高级职员，母亲当过老师。兄弟姐妹四人，我排行老二，是一个普通的市民家庭。

韩湛宁 ＞您在少年时代就热爱音乐和美术吗？

郑在勇 ＞我自幼生性好奇，兴趣广泛，尤其爱涂涂抹抹，这与大多数孩子并没有什么两样。唯独对美术和音乐有一种说不清楚的亲和感，我的兴趣经常在二者之间游走。当然，我哪里会想到今生会和它们打一辈子的交道。同学中有几个水平不低的音乐爱好者，我跟随他们一起从听通俗音乐小品起步，逐渐听了好几首大型交响乐作品，还有全套的歌剧《卡门》唱片等，虽然是似懂非懂，却十分入迷。我还考入校外的歌咏指挥学习班，并以甲上成绩毕业，有胆子上台指挥过合唱团的演出。

1 6 岁时的郑在勇
2 《老黑叔——虾机艇大工》素描
3 速写习作

韩湛宁 ＞中学时代就上台指挥合唱团呀。那对美术的热爱是怎样的呢？

郑在勇 ＞美术活动更是绝不会闲着。由几个画得比我好的高年级同学，带头几乎包揽了学生会的美术宣传活动，画黑板报、复制游行用的漫画等。其实在课余我们还是认真地画素描画速写、四处拜师访友，还与校外同好者交流，大家都有想成为美术家的憧憬。

韩湛宁 >那中学毕业时，您是打算报考音乐院校呢，还是美术院校?

郑在勇 >中学毕业了，投考中央美术学院雕塑系，初试入选而复试落榜。此时音乐出版社表示可以考虑我到出版社搞美术。试想在一个音乐环境中，从事我热爱的美术工作，这种吸引力实在是难以抗拒的。于是我放弃了报考普通高校的机会，正式将准考证退还招生委员会，直奔北京。学生时代就这样结束了。

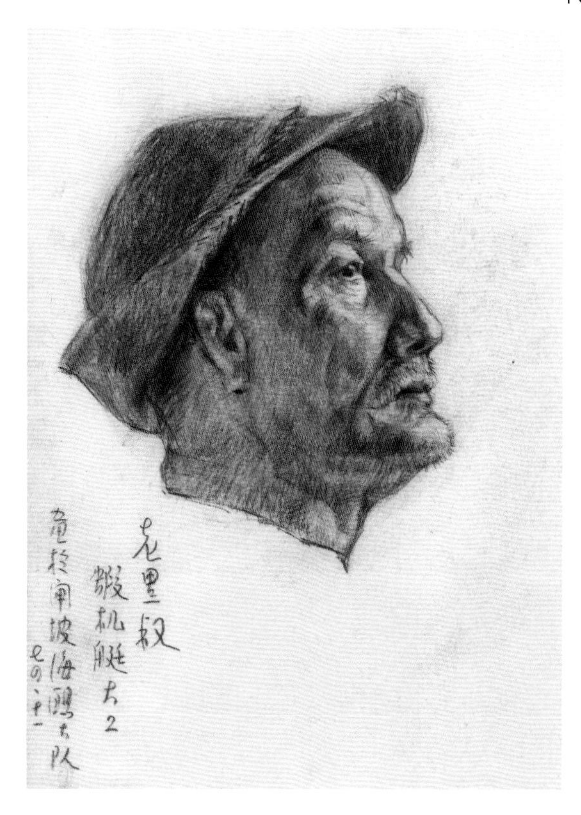

2 3

装帧时代的探索

韩湛宁 >您刚到音乐出版社的情况是什么样子呢？

郑在勇 >我到出版社报到，分配的工作竟然是音乐校对。我当时受到的挫折感，难以描述，不可能安心工作。对北京的生活不适应，而心里又惦记着做美术，老想返回上海。当时上海高校录取工作尚未结束。上海海关有正式通知书录取我，明确可以搞美术工作。我于是打点行装，又开始做起美术梦来。只是过了短暂的报到期限，我都无法获得调离的批准，只好留下来了。工作了一段时间，就有点美术工作允许试做。以划版式为主，逐渐进入美术设计的工作。应该说这也是一种锻炼，熟悉很多出版事务。大概是 1963 年，出版社正式成立美术设计组，也就三个人。我除了装帧设计之外，还负责一部分版式工作。因为曲谱的版式，需要具备一定的专业知识。

韩湛宁 ＞是哪一年并到文学出版社？“文化大革命”后期？

郑在勇 ＞那是在 1970 年，音乐出版社撤销建制，一部分合并到人民文学出版社新成立的音乐组，其余全部下放干校。我被留下搞样板戏的曲谱出版工作。张守义留下搞剧本文字出版，人民出版社留下的是宁成春等。当时我们几个相处得很好，业务上他们自然是我的老师。

1974 年，音乐出版社重新恢复建制，改名为人民音乐出版社。一番人事变动后，专搞美术设计的只剩下我一人。

4

5

韩湛宁 ＞我记得“文化大革命”结束后不久的 1979 年，您的《论指挥》就在第二届全国书籍装帧艺术展上获奖了。这一时期应该算是您设计事业的一个小高峰。

郑在勇 ＞也许是吧，当时音乐书籍的设计是个偏门，是不是我有点幸运？

6

韩湛宁 ＞这个时候您有没有已经开始跟设计同行的交流？相对来说您跟谁交往比较多？谁对您影响最大？我记得您说过邱陵老师对您有很大影响？

郑在勇 ＞这是必然的。文学社、人民社的美编之前也是熟识的，因为都在一个院子里。这是一群实力强大的设计队伍，很多人的作品即使在全国也是名列前茅的。我在那么多老师的熏陶下，有了很大的进步。

我还有一些搞美术的朋友，多是中央美院和工艺美院的学生。因是年轻人，一有空闲就找他们去玩，借过他们的专业课讲义及油印的学习资料，见识过不少东西。我喜欢雕塑，记得还取了一些泥巴，做了几个小件，自得其乐。邱陵老师是在第二届书籍装帧展之后，才有更深往来的。1981 年我在新疆参加西北的装帧活动，恰好他刚从喀什回到乌鲁木齐。每次相遇，总能得到他的指导。20 世纪 80 年代，我曾经写过一篇名为《论书籍装帧的音乐性与音乐书籍的装帧》的学术论文，并将其中的重要章节的主要论点，缩写成一篇名为《不是看到，而是感受到》（参见本刊第五期）的短文，很希望能得到邱陵老师的点拨。在事先征得他的同意后，专程登门请教！我将全文朗读完毕，并做了些实例的解释后，老师提了些问题，随即表示“书籍装帧的音乐性”是一个挺有意思的命题，他认为可以继续深入探讨。还推荐了一些美学书目，供我研读。

7

4 1981 年在新疆参加西北装帧活动后合影，后排左起第 7 人为郑在勇

5 郑在勇为人民音乐出版社书展设计展牌

6 《闸坡渔港》写生 / 水粉

7 《闸坡渔港》写生 / 水粉

在 20 世纪 60 年代前期，我曾经以四年的业余时间，修完了大学中文系规定的课程，取得了国家承认的大专学历，算是对当初高考时的轻率决定做了些补偿。可是在美编工作中自感专业功底极显不足，迫切地需要在这方面加以提高，于是就想到中央工艺美院进修。80 年代当我知道机会有了，就去邱陵老师那里进一步表达学习的渴望，可是单位的领导对此不做明确的表态。邱陵老师得知这个情况，沉默了一会儿后说，那你就再等机会吧！类似这样的机会，我遇到过好几次（包括有短期出国进修的机会），结果都是阴差阳错地给错失了。

韩湛宁 ＞还与其他的前辈哪位交往比较多？

郑在勇 ＞在北京老师很多，张慈中老师就是其中一个。当时他正在筹办第二届全国书籍装帧展。通过正规手续，派遣我到北京图书馆，在藏书库里爬上爬下地翻找了几天，借到一批当时还从不外借的国外精品书，供展出观摩之用。他对音乐出版也有兴趣。我们经常交流关于音乐美学、材料工艺学的问题。他有很多有深度的见解，令我大长见识。

还有就是上海的任意老师。我非常喜欢任意老师的设计风格，在北京，把这种带有海派风格的设计叫作“任意风格”。我曾经向他表示过愿意跟他学习。这都是 20 世纪 80 年代的事了，我只要有机会去上海，就会登门拜访请教。他有着很高的艺术修养，非常谦虚，平易近人。他的设计有着非常鲜明的平面设计特色，装饰感很强，有自己的用色系统。其构图、色块、线条的搭配妙不可言。我们感情很好，他也是很惦记我的。他在后来重病住院还托人转告我，想见见我。但是很遗憾我还没有来得及去看他的时候，他就匆匆离世了。这是一生的遗憾。我一直都很怀念他。

韩湛宁 > 实际上因为您一直都是自学，不是科班出身，在设计过程中您受到的影响不光是来自做设计的，也有来自其他艺术门类，您有些与传统风格不相似之处。

郑在勇 > 我认为，我大部分的工作，其实就是等于在学习。几乎每个设计作品，我都是用学生做作业那样的态度去完成的。接到稿子有不少不熟悉，甚至非常陌生，应该怎样去设计呢？从何处入手呢？都是音乐书籍，怎样才能避免雷同？如何搞点创新？这方面思考的时间花的功夫特别多。

8

9

韩湛宁 > 所以探索途径是有所不同的。

郑在勇 > 对，由于视角的不同，探索的过程中必然会产生很多疑问。方便的话，就请教前辈和同行，老麻烦别人实在过意不去，就自己再去探求，这也是学习。有不少知识的获取来自书店、展览会、图书馆的中外图书开架阅览室以及书市等地方。临摹作品，多是些画册、外国书籍的装帧设计，还收集很多国内外的形形色色的各种印刷品和有价值的资料。

在北京，经常有各种讲座、座谈会，不管与专业是否直接有关，只要情况许可，就挤时间参加，拓展视野。我认为好的学习态度，是主动求取，不消极坐等施给。

1988 年我在中央工艺美院以及 1999 年在沈阳鲁迅美术学院讲课时，都曾经提出过这样的问题，就是在校内学习与在校外学习、专业学习与自学存在一种什么样的辩证关系？供同学们思考！答案还真有所不同，且都很有道理！

8　范一辛先生送给郑在勇的贺卡

9　郑在勇在辽宁教育出版社爱书人俱乐部做学术讲座

10　郑在勇在辽宁人民广播电台谈装帧艺术

10

退休之后再出发

韩湛宁　> 您退休后也做了大量的书籍设计，好像您一开始是和辽宁教育出版社合作的吧？

郑在勇　> 我的设计生活其实就是两大段，退休前和退休后。1994 年底退休后不久，扬之水在帮辽宁教育出版社运作《新世纪万有文库》出版，需要设计。其实之前我已经和辽教社有过合作，就是《书趣文丛》系列。

韩湛宁　> 除了这套，还有“脉望”系列是比较早的？

郑在勇　> 《书趣文丛》更早。是先有《书趣文丛》，后来才有和“脉望”有关系的系列书籍。“脉望”最早是给《书趣文丛》设计的书标，后来被辽教社选中，注册成他们的社标了。之后，1998 年还搞过一套“中国地域文化丛书”，设计过一张宣传海报。根据海报上的刊登，计划有 24 本之多，陆续出版。但我见到的也就七八本。

韩湛宁　> 之后您和辽宁教育出版社合作也很多，简单介绍一下吧？

郑在勇　> 比较多的是系列书，如《牛津精选系列》（1998）、《新世纪科学史系列》（2000）、《掌珍本十三经系列》（2000）、《新世纪万有文库系列》，还有《世界数学通史》《诗词欣赏句典》等。还有不少，在后面可能会有提及。

11

12

13

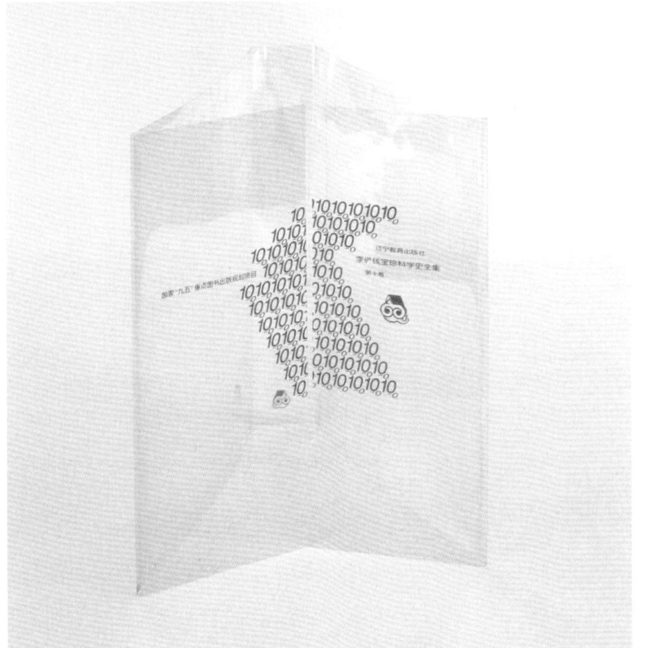

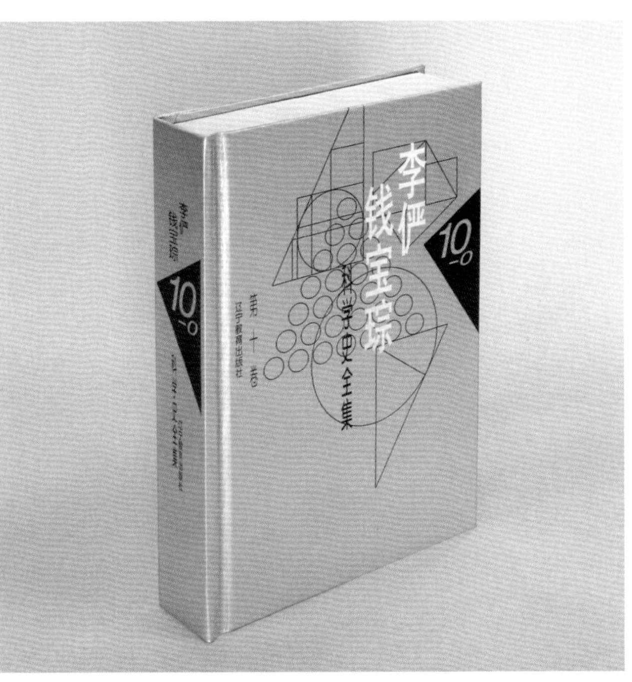

11《李俨 钱宝琮
科学史全集》
护封

12《李俨 钱宝琮
科学史全集》
精装封面

13《中华文学通史》
套书函盒

14《李俨 钱宝琮
科学史全集》
书影

15《中华文学通史》
书影

> 14

> 15

李俨 钱宝琮
科学史全集
辽宁教育出版社
李俨 钱宝琮
科学史全集

中华文学通史
古代文学编
华艺出版社
中华文学通史
第四卷·古代文学编
华艺出版社
中华文学通史
第五卷·近现代文学编
华艺出版社
中华文学通史
第六卷·近现代文学编
华艺出版社
中华文学通史
第七卷·近现代文学编
华艺出版社
中华文学通史
第八卷·当代文学编
华艺出版社
中华文学通史
第十卷·当代文学编
华艺出版社
中华文学通史
第九卷·当代文学编
华艺出版社
中华文学通史

郑在勇之设计作品

论指挥

音乐书籍作品

1960—1970 年

韩湛宁 > 郑老师，我们谈谈作品吧。之前我们谈到您比较早的作品《红珊瑚》，其实您说还有更早的，如 1957 年设计的《边防战士之歌》等。

郑在勇 > 大概《边防战士之歌》（1957）也就是能找到的最早的了，这是初学装帧设计的作品，想法和手法都相对简单，粗糙青涩。《红珊瑚》是 1963 年设计的，那是一本九场歌剧集，描写渔家女不顾个人安危高举红灯信号，迎接珊瑚岛解放的故事。此前，音乐出版社出版过一本外国歌剧，其封面用原书封面的一张盛装村女水彩画，白底纸色，很有特点。我想以中国剪纸的民族形式与之呼应，是渔家女、红灯、海浪的形象。用黑色镂空的手法，托出书名，这也是形式上做了点跨步的尝试。

韩湛宁 > 那时候的封面设计都是几个单色套印吧，20 世纪 70 年代左右也是吧？另外，封面的图案也有着明显的时代痕迹，但是也看到您的作品图案由具象写实到抽象的一个变化，如《手风琴曲选》（1974）、《连队生活歌曲六首》（1981）、《西班牙斗牛舞》（1981）这几本所表现的那样。

郑在勇 > 除了精装书以外，当时印刷一般都是两色或者三色套印，我接触到的稿子不厚，条件有限。所以设计主要就是小图或图案加字体，都是手绘。提到的那几本的封面，图案都是手风琴，却分属于不同等系列，必须有点变化。

韩湛宁 > 到了 1979 年的《论指挥》就表现得非常成熟了，《论指挥》获第二届全国书籍装帧艺术展览封面设计一等奖，也是您最早的得奖作品吧？

郑在勇 > 《论指挥》的设计，应该说是非常具体也非常抽象的。全黑色的封面在当时的创作环境里还没见有人用过，因此被公认是一种突破。这跟我曾经有过指挥的体验有关。作为一个指挥，登台时，你所见到的观众席是漆黑一片，深不可测，但有着天体黑洞般的巨大吸引力。随后，你转过身来，却是处在强光下的你的合作伙伴，正蓄势待发，注视着你，这就是现场体验。指挥呢？就是把舞台上的、早已排练成熟的音响，激发出来，传递给背后那一片“黑色”空间里。当然要准确的、有艺术性的、带着浓厚个人风格的。而“黑色”将会接受到、理解到、享受到你的“给予”，从而获得艺术上的满足。我想这可能就是指挥跟“黑色”在专业

16《红珊瑚——
九场歌剧》书影
17《论指挥》
封面设计（手绘原稿）

16

17

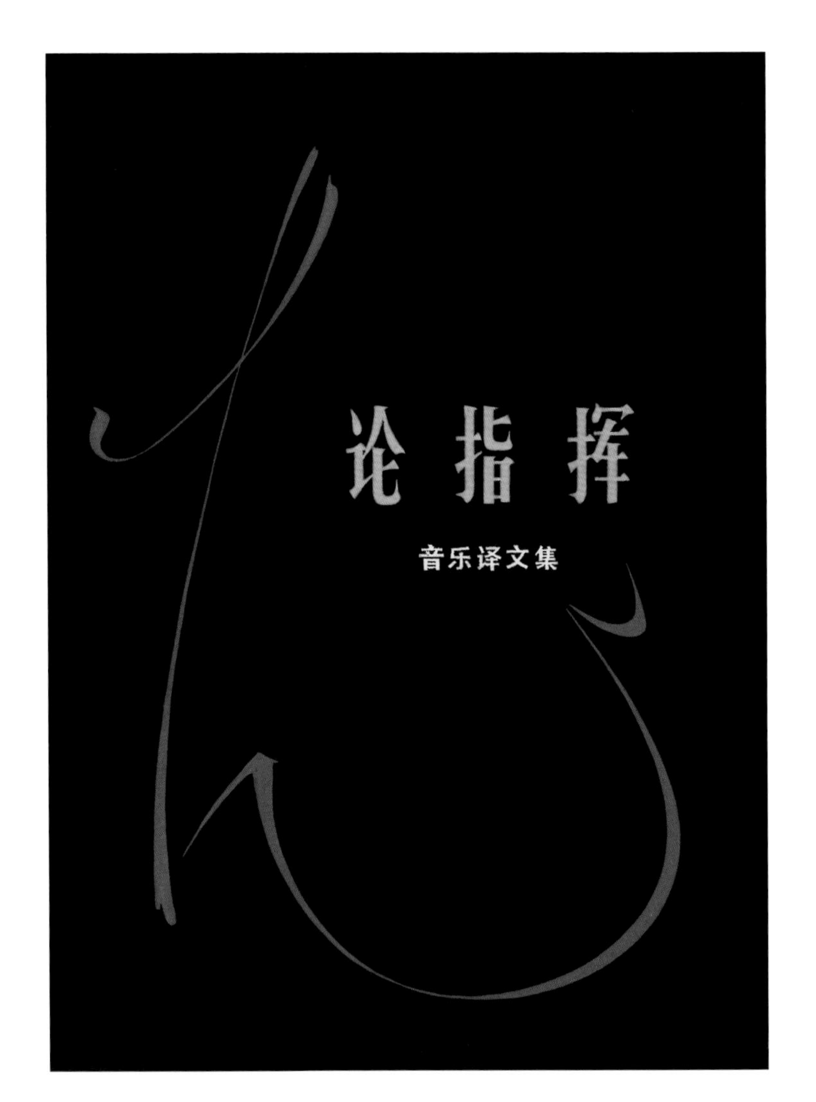

上密不可分的联系，它是具体的也是抽象的。可这又如何体现在封面设计上呢？依我的一贯对简约含蓄手法的追求，干脆请指挥隐身到他喜爱的黑色里。我们只看到他在空中划出的优美的二拍子曲线，就可以说明一切了。黄色的书名让人联想到骤然腾起的乐音，又仿佛是乐池的灯光。“黑”可以引起这么多的遐想，是个有趣的事情。《论指挥》的封面送审方案我只设计了这唯一的一个。

音乐史图

1980—1990 年

韩湛宁 > 接下来的作品是《樱花》。我觉得其实从《论指挥》开始，您的设计进入了一个新的阶段，《樱花》也是这个阶段的作品，可以这么说吗？

郑在勇 > 相对之前的 20 世纪 70 年代，80 年代就有很多新的感受，包括外部环境的改变，如“文化大革命”结束第二届全国书籍装帧艺术展的举办等，大环境也开始有了大的改变。

《樱花》是1980年的作品，这是一本日汉对照的歌曲集。封面的设计其实也是文字元素的运用，只是花了点小心思。三棵开得烂漫的樱花树，其枝干是“樱花”的日文“さくら”的变形。另外就是我在这个书的封面上加了个小勒口，而且勒口上也加上点小设计。因为纸张的原因，一般小开本的书，都不让随意加勒口的。

18

18《樱花——日汉对照歌曲集》封面
19《管弦乐名曲解说》封面
20《克莱德曼演奏的钢琴轻音乐曲选》封面
21《外国歌曲》封面
22《阿拉伯音乐史》封面
23《合唱作曲技巧》封面
24《比较戏剧论文集》封面
25《我的小提琴演奏教学法》封面
26《没有芬芳的和芬芳的爱》封面

韩湛宁 >《樱花》的色调也是非常淡雅，有着浓郁的日本气息，勒口的设计其实也是您已经考虑到了书籍的整体感了啊。
从这个时期开始，
您有好多书籍的设计我认为都非常好，
如《阿拉伯音乐史》
《我的小提琴演奏教学法》
以及《第一罗马尼亚狂想曲》，
还有《音乐语言》
《四重奏演奏问题》《论钢琴的表演艺术》
《中国音乐书谱志》等。

郑在勇 >《我的小提琴演奏教学法》（1980）、《小提琴指法概论》(1982)、《怎样练习克莱策》(1981)这三本是用相同的手法，在深色底上用浅亮色彩来衬托小提琴身影，最后留出白字。采用双色印刷，省工省钱，最受出版欢迎。《论钢琴的表演艺术》（1981），设计需要这样的角度，请人专门拍摄并做横式构图的尝试，在当时算比较新颖，也得了奖。《中国音乐书谱志》（1984）是中文书法字体“书”与高音谱号的结合，我先把后面的高音谱号设计得非常接近前面的“书”字，然后和前面的字叠置，借以表现书中有谱、书谱结合的题意。《阿拉伯音乐史》(1980)那阿拉伯式的大白袍在构图上帮我隐去累赘，把必须交代的交代清楚就可以了。《第一罗马尼亚狂想曲》(1981)用作曲家的签名，个性强而且还有旋律的线条美，是最好的构图元素。《四重奏演奏问题》(1985)是用图案化的一把大提琴、一把中提琴、两把小提琴，组合成图。画面有一个倾斜角度，连字体也随之律动起来。试图表现四重奏这种演奏形式所应具备协调合作、良好默契的团队精神。《合唱作曲技巧》(1986)，用三个高音谱号和一个低音谱号代表合唱的四个声部，即女高音、女低音、男高音、男低音。前两个画成有着曼妙身姿，随着乐曲摆动的舞者，后面一个瘦长男高音和已经变成月亮的男低音谱号，加入了组合。于是一幅诗意般、带着树影婆娑、浪漫情调的画面，“技巧性地”呈现出来。《克莱德曼演奏的钢琴轻音乐曲选》(1986) 选用他那首脍炙人口的《水边的阿特丽娜》第 26 小节的曲谱，精心设计而成。读者对曲谱选取的合适，以及构图用色的巧妙安排都有良好的评价。

19

20

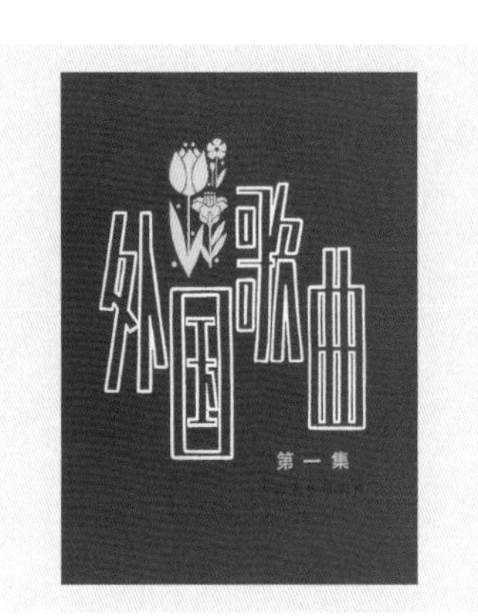

21

22

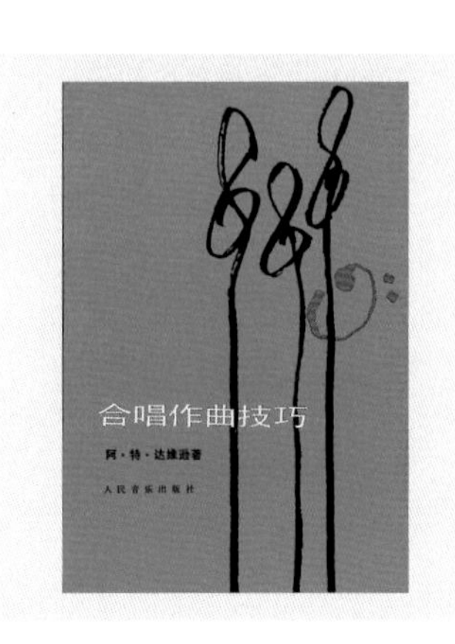

23

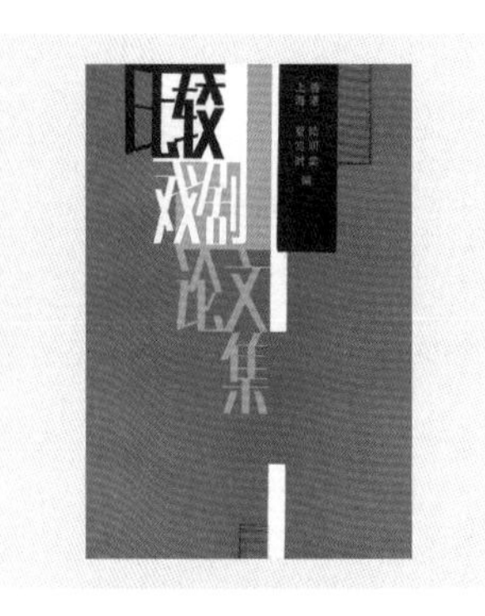

24

25

26

27

28

29

30

31

32

33

34

35

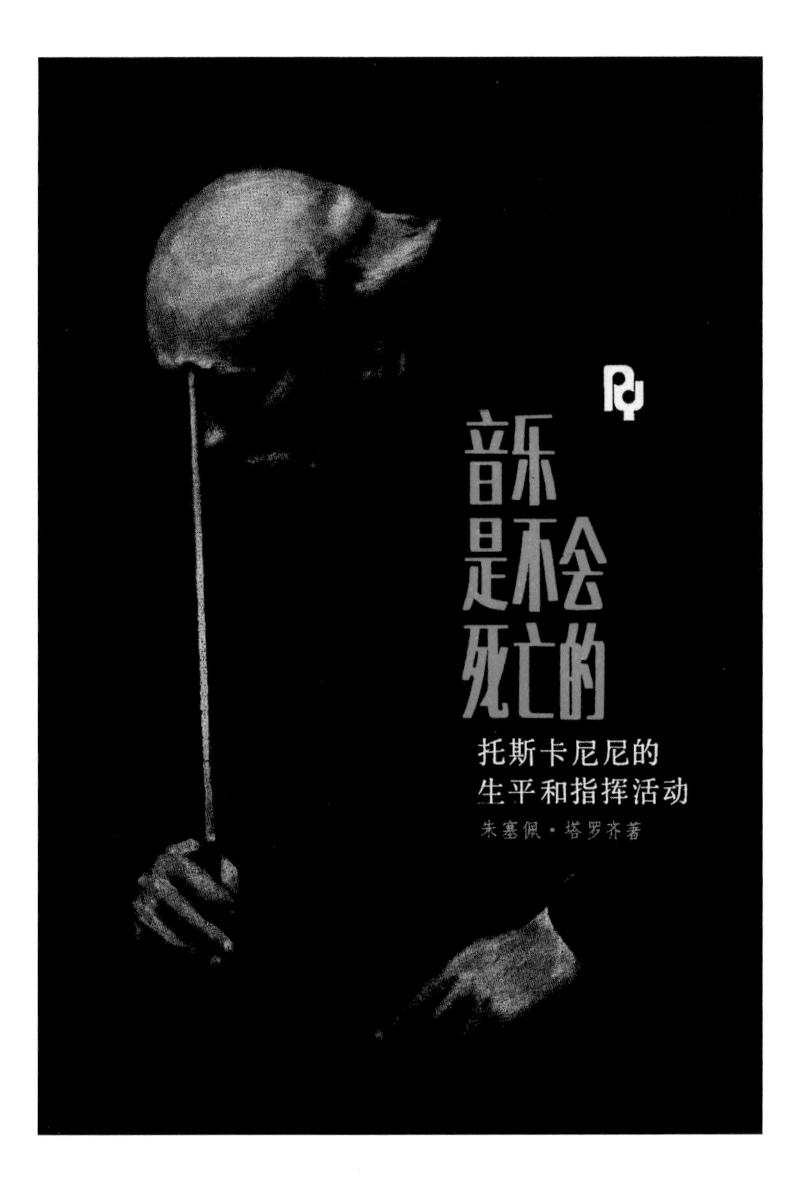

36

27《美国歌曲集》封面
28《读剧杂识》封面
29《中国音乐书谱志》封面
30《四重奏演奏问题》封面
31《人民音乐出版社成立 35 周年纪念刊》封面
32《当代美国剧作家》封面
33《京剧音乐概念》封面
34《剧作法》封面
35《爱的眼睛》封面
36《音乐是不会死亡的——托斯卡尼尼的生平和指挥活动》封面

韩湛宁 >《音乐是不会死亡的》这本书呢?

郑在勇 > 在设计《音乐是不会死亡的》(1985)时，我见原书刊有一幅托斯卡尼尼思考的照片，十分传神，应该借用。并设想若在他手执的指挥棒上再添加点更强的高光，可以表现他在这门艺术的光辉成就。原书照片印刷不够理想，而且在印刷品上也无法点上高光，只好自绘了色彩稿，并将书名随体形做台阶式的排列，用生命绿色点出主题。

韩湛宁 > 您重要的作品之一《中国音乐史图鉴》也是这个时期创作的吧?《中国音乐史图鉴》非常大气，风格与之前众多作品迥然不同，您也使用了大幅照片在护封的封面封底上。

郑在勇 >《中国音乐史图鉴》是 1988 年出版的，其准备工作做了很长时间。图片很多，如何根据装帧要求去选，颇费周折。根据我的经验，音乐书籍有图片可选者归纳起来也就四类，即乐人（音乐家）、乐事（音乐生活、演出活动、史论研究等）、乐器、乐谱。真正的“乐曲”反而不出现视觉形象。在设计时，我先列出三条顺序线：

装帧设计线：护 封 > 硬 封 > 环 衬 > 扉 页—►
历史朝代线：商 周 > 汉 晋 > 隋 唐 > 明 清—►
音乐可选线：乐 器 > 乐 器 > 乐人、乐事 > 乐 谱—►
之后，图片可选线：编 钟 > 汉代建鼓 > 唐代跽坐及站立的伎乐女图 > 文字谱—►

37

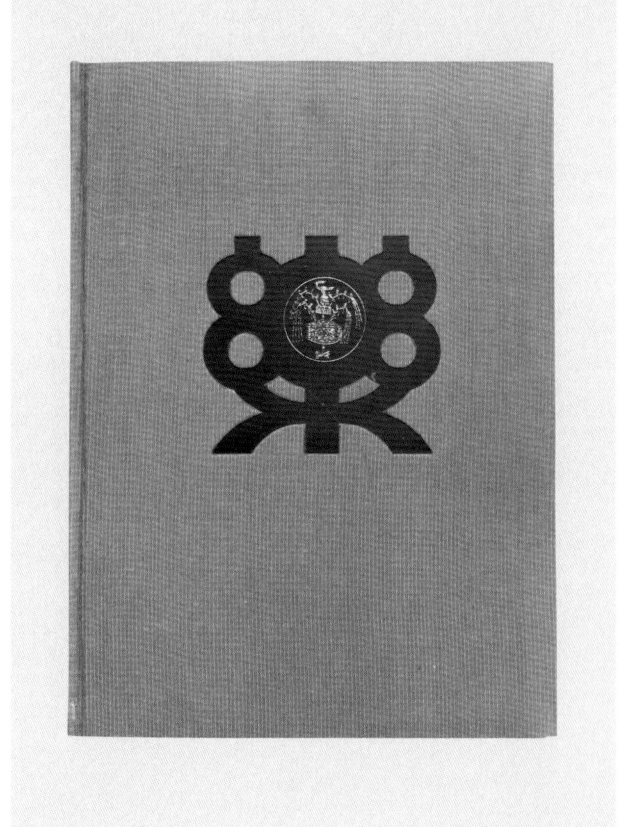

38

这样就帮助我选出合适的图片。除有几张因条件所限印刷效果差外，其余尚还可以。编钟也是专门为本书拍摄的，此乃国之重器，放在封面上极有分量。版式采用网格设计，都是先设计好专用的版式纸，然后把文字块打印出来后，逐一贴在版式纸上，之后才由工厂照相拼版。在当时这样的工艺还算很先进的。

为把尺寸做精准，我自己动手，先糊上一只与真书尺寸一样的硬壳纸盒。将所有护封上的图片都按照标准尺寸放大到准确无误后，逐一贴上。封面字，横线粗细及地位（因其与书脊上的横线连接之故）都计算到丝毫不差，做成一本假书。当封面字准确地贴好后，这才发现其左上角似乎缺了点什么。为了填补这个空缺，专门设计了个书标。于是人民音乐出版社第二个社标就此诞生。不过当时还只是个书标，真社标在书脊的下方位置上。

37《中国音乐史图鉴》书影
38《中国音乐史图鉴》精装封面
39《牛津简明音乐词典》书影
40《卡拉扬自传》封面
41《西方名导演论导演与表演》封面
42《西方名导演论导演与表演》环扉

39

40

41

42

韩湛宁 >20 世纪 90 年代初期您大量的音乐类书籍设计，诸如《牛津简明音乐词典》《历史交响曲组曲》《西方名导演论导演与表演》《卡拉扬自传》《管弦乐名曲解说》，以及《中国歌剧选曲集》等的创意和手法都开始变得丰富起来了。

郑在勇 > 20 世纪 90 年代很多技术条件都丰富了，应该可以做得更好一些。《牛津简明音乐词典》（1991）最难做的在于当书装入函套之后，书脊中间部分的图像与函套的图像要严格衔接无错位，也就是合起来后都对得上。因为二者用的是同一张图，所以对制作要求很高。封面的照片是专门请人为这本书拍摄的，一连拍了好多个角度，还包括有透视的、扁的（上小下大）。在非电脑时代，如此精心设计，都是为了希望保证其经典的质量。《西方名导演论导演与表演》（1992）是花费设计工夫最多的一个封面，创意就是在舞台上方俯视的角度看舞台。下方半圆是舞台，上方两侧是折叠的幕布。全部画面又好像一张脸谱，封面上的竖排字“西方名导演”就当作是鼻子吧。而扉页也是类似。当左边幕布铺陈满了，右边我特意将幕布拉开，空出地方，放上书名，整体上我追求一种戏剧化元素的“多层面”的“表演”。

韩湛宁　> 郑老师，您在这个阶段设计的书籍非音乐的也占了不少。诸如《公民手册》《对诗的思考》《中国古桥》《中国古亭》《黄山天下奇》等，还有很多杂志。数量较多，另外大都非常注重整体设计，版式设计也非常用心，我认为与 1990 年之前的作品又有着质的变化。

郑在勇　> 你过奖了。《中国古桥》(1993)、《中国古亭》(1995)是一套的，都是中英文对照版，依然用网格方法进行设计，在统一风格下，版面有多样的节奏变化。没有电脑排版，都是植字。像《中国古桥》《中国古亭》的序言，就是用文字拼贴成古桥古亭的剪影，拼得非常辛苦。

43

44

45

韩湛宁 ＞我们聊聊

《黄山天下奇》吧，

我知道这是您非常用心的作品之一。

从封扉的独特手写字体，

到极为讲究的目录排列，

再到全书的版式设计，

在那个年代，都是非常独特的。

郑在勇 ＞这本《黄山天下奇》（1994）是中英日三种文字对照的摄影画册。根据整体构思。扉页、目录、序言都采用对页设计，它们都可以各自跨页。最先设计的是扉页，书名由我自己动笔，属于那种有设计意图的毛笔字。由于我自己的书写风格，只能表现黄山的云海峰影，与那些奇峰怪石相比，却是另一种视觉感受。舒展开来，也显气派。我还为此设计了一枚小印章。这不是华艺出版社的社标，只是构图上需要这个小红色块而已。目录是对页。其左页放版权等，右页的设计几乎倾尽全力。我是这样安排的，因各章节的名字，各是一个汉字。我用高低不同的垂直彩色线，分别将它们顶于线端，而页码又顶在字的上端，解决了目录的主要问题。线的两侧各放译名，整体的视觉效果像是错落有致的奇峰。而其他文字则处理成仿佛山间的几缕浮云。整面的设计，紧贴主题，不显突兀，也不凌乱，确是达到我的目的。序言也是对页设计。中外文也做字体及地位悦目的安排。背景虽是奇峰林立，而只要右侧边上的“梦笔生花”峰一出现，就不会让读者有身离黄山的感觉。

接下来是正文的设计。各个章节名，其用色与目录上各章节名下的垂直线用色一致。文字按中、英、日各自排好，段落和行间都有错开的处理。然后按块分贴于垂直线上左右三方。

附录部分也认真地在分栏上各做了些安排。

46

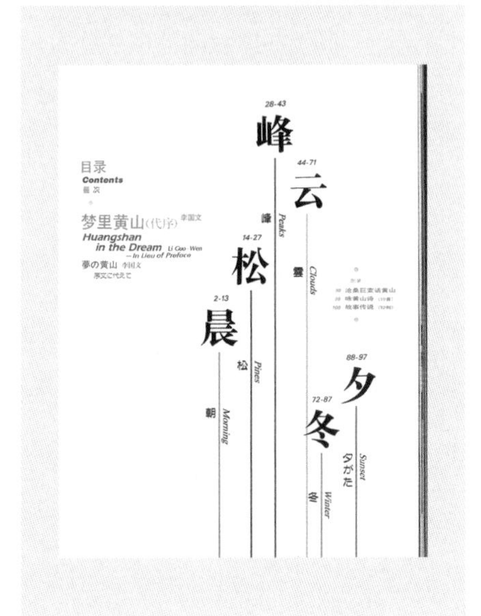

47

43《中国古桥》
护封

44《中国古亭》
护封

45《中国古桥》
版式设计

46《黄山天下奇》
护封

47《黄山天下奇》
目录设计

48《黄山天下奇》
版式设计

48

韩湛宁 ＞您 1994 年退休以后也做了大量的书籍设计作品，诸如《藏书票世界》《中华国宝大辞典》《北京鸽哨》《李俨钱宝琮数学史全集》等作品，应该说是您创作的又一个高潮时期。

郑在勇 ＞《藏书票世界》出版于 1997 年。设计过程中是有探索和追求的，开本方案与版式设计均数易其稿。此书的开本不宜过大，保证每页只放票一枚，绝不多票罗列，影响欣赏。整体设计要有较高的文化品位，以显示“纸上宝石”之珍贵和值得长期欣赏的收藏价值。

首先是设计一个统领全书的书标，我从稿中的一枚乌克兰藏书票中，撷取其“EXLIBRIS”（藏书票国际通用名）及一只苹果，并改变它们的位置，成为上有“EXLIBRIS”下有苹果的直条形图标，定为书标。我在硬封、“脉望”文章、代序、目录以及正文上多次使用它。在使用时，分别以土蓝、土红、土黄三种色调以及有边框、无边框或半边框的处理，使它们在区分各种章节等文字类别上，各尽其职，构成完整的表达系统。在正文中，图序号也加入了这个系统，“早期”用土蓝，土红用在“黄金时期”，而“现当代”则用土黄标示，清晰明了。

页码方面，读者索图时大多用图序号而不用页码号，页码字号就可以缩得很小，甚至小到可以忽略不计的程度。这样有非常大的好处，使图片欣赏时减少干扰，版面显得干净舒服。全书在用“●”处，一律不用圆点，而专门选择用“■”点，这是与藏书票基本票形为方形，取得细节上的一致！

还设计了一个书盒式的外包装。盒面在原封面上做了些变化，书的精灵有了一个从外跃入的过程，以表达“风景既在书外，也在书中”的主旨。

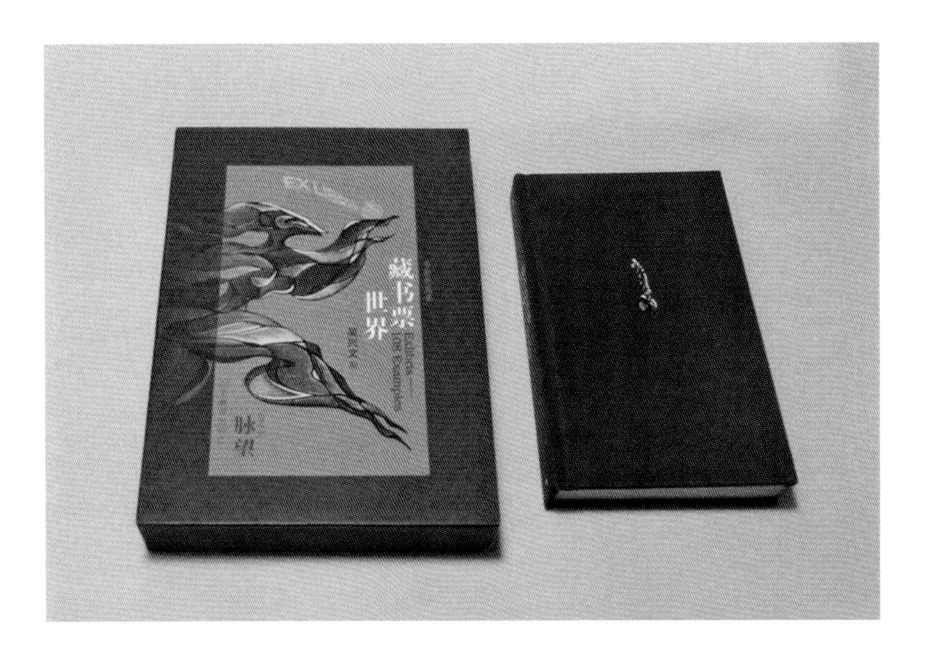

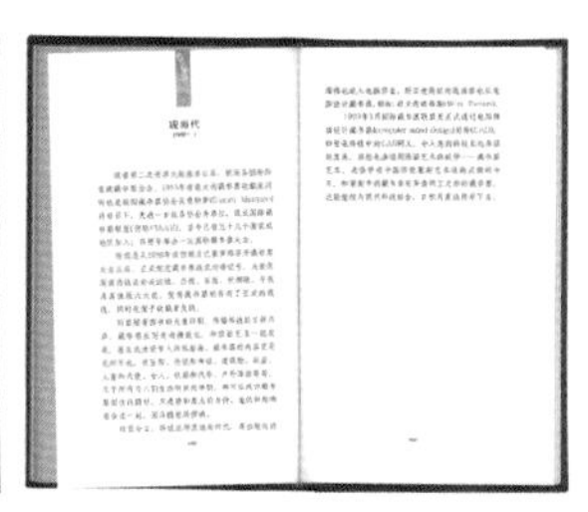

49

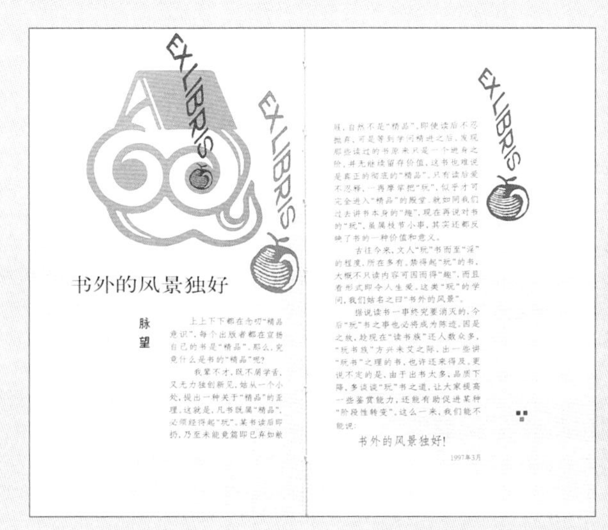

书外的风景独好

脉望

上上下下都在念叨"精品意识"，每个出版者都在宣扬自己的书是"精品"。那么，究竟什么是书的"精品"呢？

我辈不才，既不屑学舌，又无力独创新见，姑从一个小处，提出一种关于"精品"的歪理，这就是，凡书既属"精品"，必须经得起"玩"。某书读后即扔，乃至未能竟篇即已弃如敝屣，自然不是"精品"。即使读后不忍撒弃，可是等到学问精进之后，发现那些读过的书原来只是一个进身之阶，并无继续留存价值，这书也难说是真正的彻底的"精品"。只有读后爱不忍释，一再摩挲把"玩"，似乎才可完全进入"精品"的殿堂。就如同我们过去讲书本身的"趣"，现在再说对书的"玩"，虽属枝节小事，其实还都反映了书的一种价值和意义。

古往今来，文人"玩"书而至"淫"的程度，所在多有。禁得起"玩"的书，大概不只读内容可因而得"趣"，而且看形式即令人生爱。这类"玩"的学问，我们姑名之曰"书外的风景"。

据说读书一事终究要消灭的，今后"玩"书之事也必将成为陈迹。因是之故，趁现在"读书族"还人数众多，"玩书族"方兴未艾之际，出一些讲"玩书"之理的书，也许还来得及。更说不定的是，由于出书太多，品质下降，多读读"玩"书之道，让大家提高一些鉴赏能力，还能有助促进某种"阶段性转变"。这么一来，我们能不能说：

书外的风景独好！

1997年3月

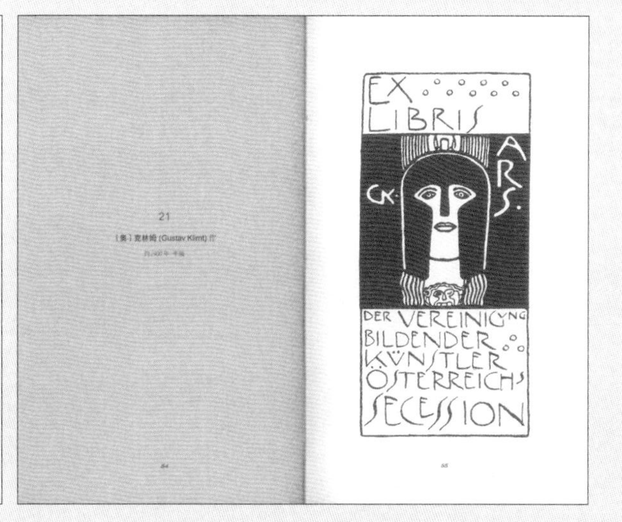

50

韩湛宁 ＞这本《中华国宝大辞典》我看到您最早的封面全是手工剪贴的图，是您没有真图的情况下用别的图替代，颜色、图像、字体等贴得非常巧妙。是哪一年做的呢？

郑在勇 ＞这是 1997 年干的事。你所提到的图共有两张：一张是剪贴图，另一张是示意图，都是为远在深圳的印刷厂提供图的摆放及用色的工作用图纸。这在没有屏幕视图之下，是不容易弄清楚的。第一张剪贴图就是将 12 个类别的国宝文物以石、陶、玉、瓷、金、铜、漆、木、玻璃、玛瑙以及书法、石窟等图片中挑选 38 张文物图片（可以在一个类别中选用多张）。根据其大小、地位、所用色点标志，组拼在一张大的护封用纸之中，这可是相当复杂的工作。

另一张是各个类别所用的标志色点及其在护封上下两边上该色的相对应地位，做出标记。这也是一张重要的图纸，帮助工厂理解不容忽视的细节。

《中华国宝大辞典》是我在学习和实践如何在大信息量的情况下驾驭封面设计的能力。比如护封封面上必须有 12 个不同类别的文物出现，它们的大小比例、用色、用字，以及彼此之间地位等都要处理得合适妥帖。上下两条色带，既是标记该文物的对应位置，也是装饰用的彩条，护封由此也显得丰满起来。只是"为难了"那些替代用的小剪片，挪来挪去、摆上摆下，才能确定其大致位置，后来上了电脑，操作就顺利得多，达到较满意的效果。先前费时费力，却是值得的。我还把"中华国宝"四字设计成书标，一个用在硬封上，另一个做了一些变化用在护封上。硬封上的"中华国宝"，我指定用偏红的金色，结果被理解为红色电化铝自行烫上，位置也偏下。事隔两地，难以说清，成为遗憾！

49《藏书票世界》
整体设计

50《藏书票世界》
版式设计

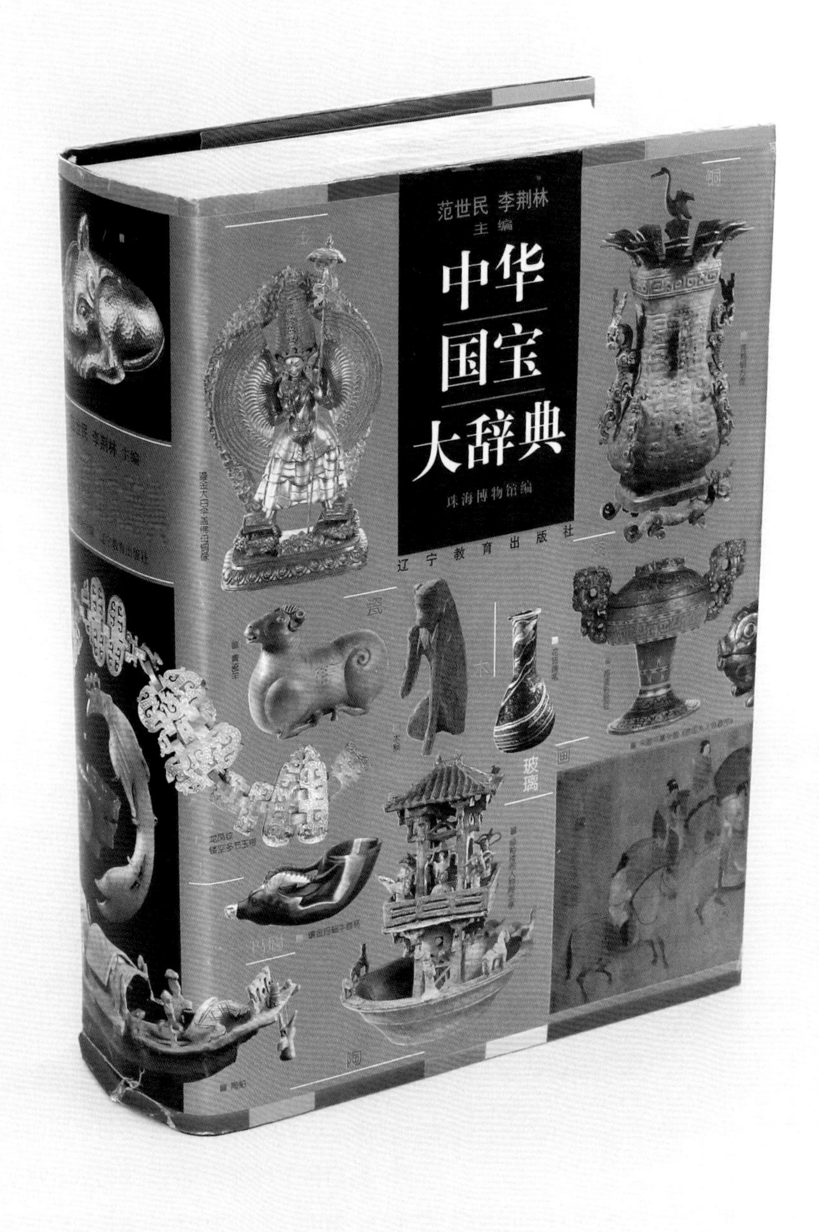

51

51《中华国宝大辞典》书影

52《中华国宝大辞典》设计构思草稿之一

53《中华国宝大辞典》书标设计
护封用（上）
硬封用（下）

54《中华国宝大辞典》护封设计剪贴示意图

55《中华国宝大辞典》护封设计用色示意图

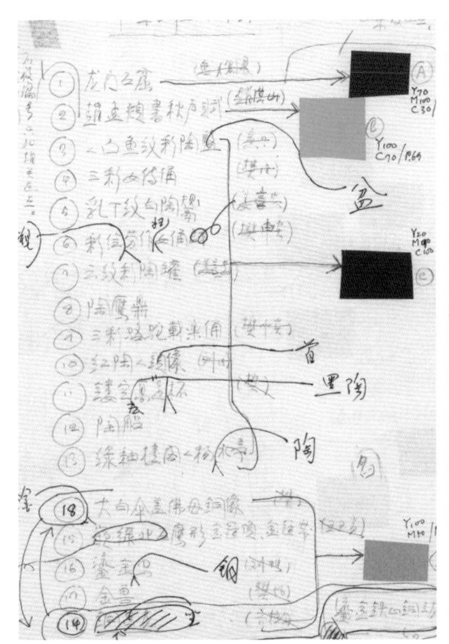

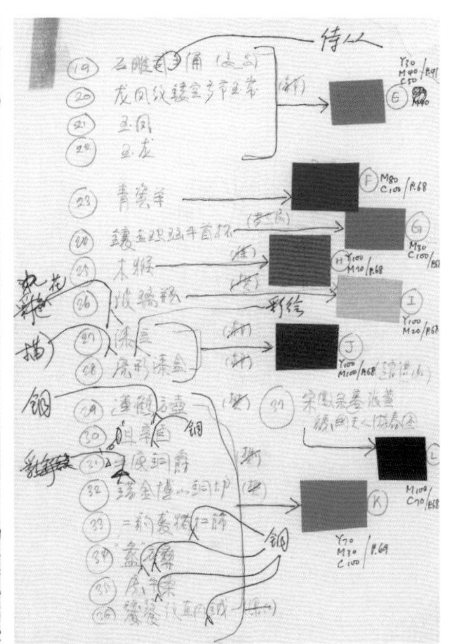

52

53

54

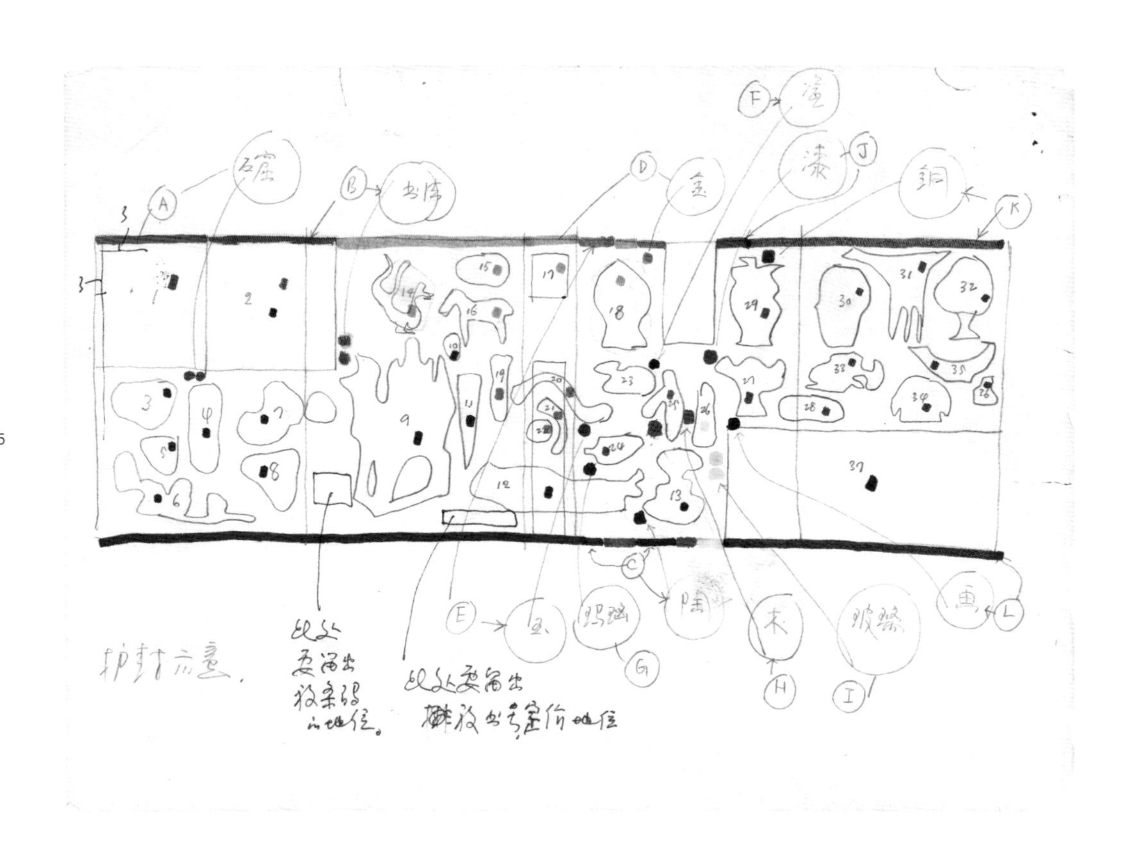

55

韩湛宁 >这时期有《北京鸽哨》《茗边老话》《掌珍本十三经》等，这个《茗边老话》《掌珍本十三经》两个系列好像很多本，都是小精装吧？

郑在勇 >《茗边老话》是 1998—2000 年的设计作品，这是一套丛书，先后出版有十七本之多，作者都是写散文的高手。当年俞晓群先生策划这套书的时候，曾经明确表示：整体装帧可定位于口袋本小精装，适宜于放在飞机场候机室的插架上。旅客可随意翻阅或购买，旅途中有了消遣去处。据此要求，封面设计就要多彩一点。将书中提到过的事物图片，一般不少于五张，经过处理后，以左重右轻、或隐或现、或实或虚地组拼成图。这是吸引读者关注之处，放在封面上方。底色由深渐变到浅再到纸色，仿佛有一种历史空间感。一条含有书名的垂直彩色窄条居中，纵贯全书。中间有一段不连接，好使两边的图可以相互“穿越”。《茗边老话》的书标，就顶在垂直条的上端，可俯瞰全书，也是它应待之处。版式设计也有几处特色，如扉页对页的图，正文各页全都上空七行。若有插图都放在奇数页上，偶数页不放页码，都叠放在奇数页上，只有上书眉是放在偶数页上方的。

《北京鸽哨 》是 2000 年出版的，这是为王世襄先生出版的专著。封面表现了晨起盘飞在北京上空的鸽群，感受到哨声悦耳，时远时近的意境。有一只戴有鸽哨的白鸽，就在你的跟前，这鸽哨也可以说就是书标。在硬封、内封以及正文页码上方都有它的身影。版面设计王老多有设想，甚至有草图示意。我都尊重王老的安排，工作直到王老先生满意为止。我们之间合作很愉快。

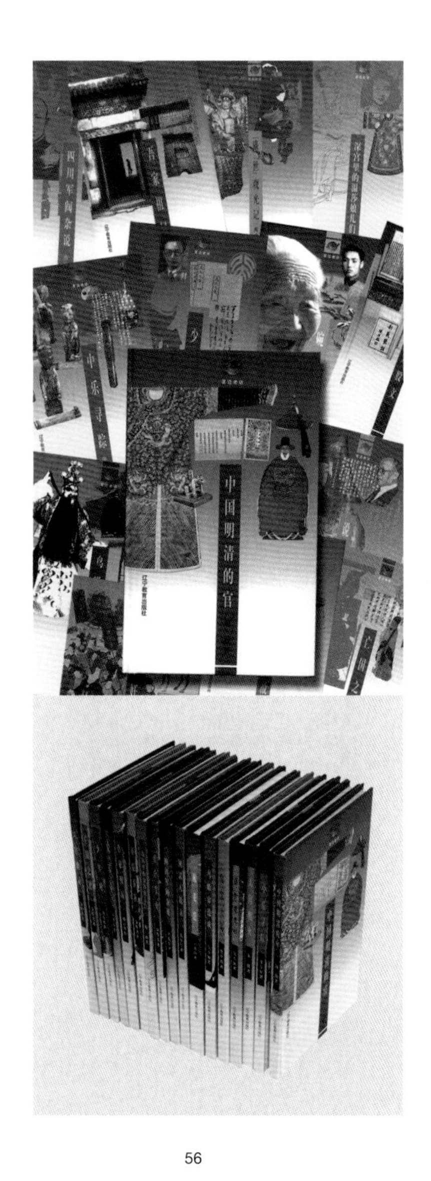

56

57

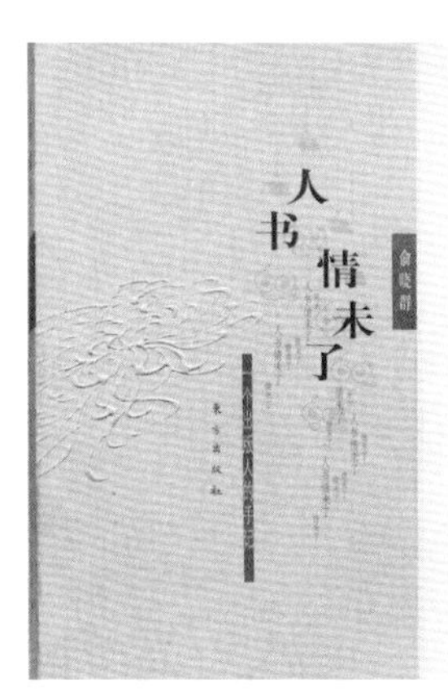
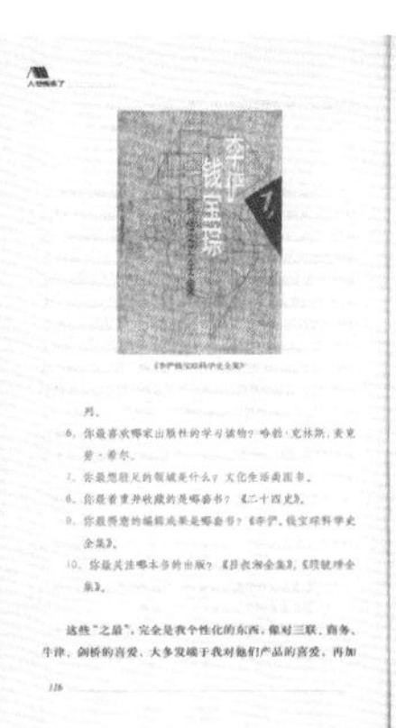
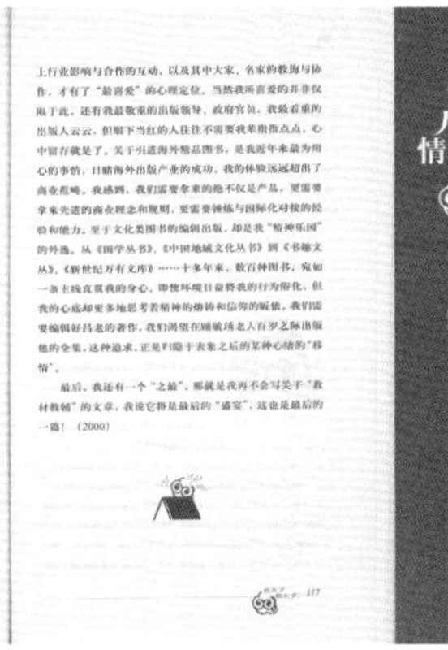

56《茗边老话》
系列丛书书影
57《北京鸽哨》
书影
58《人书情未了》
封面
版式设计
脉望灯笼小挂饰
章节单页用

58

韩湛宁 > 当时这些书影响很大，我觉得辽宁教育出版社那个时期出书特别猛。《李俨钱宝琮数学史全集》是一套数学著作吧？

郑在勇 > 《李俨钱宝琮数学史全集》（1998）是数学著作，共十卷。封面图形是数学公式的组合，设计上我希望有一种不均衡感。这套书的装帧材料用得比较好，还裹有透明护封式的外包装，上面也做了精心设计。（见第 116、117 页）

韩湛宁 > 这本《人书情未了》是您为俞晓群设计的？

郑在勇 > 是的，《人书情未了》是东方出版社 2003 年出版。

根据我多年从事设计的习惯，整体设计都是先从版式设计入手，设计布局好了，才从里到外，解决章题页的设计，然后才进入封面设计的构思。在情绪上稍作稳定后，开始逆行，又回到版面设计上去，一路反复强调各版面的尺寸、用字规格以及阅读的舒适度、合理度和阅读美感等。最后全面整合、全面调整达到理想的要求，这才歇手。要想设计一本经得起翻阅的书，我认为这个过程是不能随意删减的，一定要将各阶段的工作量留出足够的时间。

先从版面开始，我第一次将自己设计的“脉望”帽子揭下，将它放置在偶数页左上角上书眉处，下面有“人书情未了”五字托住。而把已经不戴帽的“脉望”放置在奇数页右下角下书眉的近页码处。可是它并不安静，脑子里不断冒出“情未了、情未了”等情绪化的词来，有一唱三叹的意思。正文的版面气氛营造好后，我开始转向章题页的设计上。我做了一个我称之为“脉望灯笼小挂饰”的设计，拟将章节题目名分别置入。而“人书情未了”“情未了”“情未了”如穗子般垂下，情意浓浓！这样的“脉望灯笼小挂饰”共有五串，分别置入各自章题页内，即可高悬在该页上方了。五个小挂饰“挂”好，又给我设计上的新启发。干脆再做五个，把它们请出大门外，高低有错地悬挂在上门框上。于是此书的封面就此设计好了，我又加上作者喜欢的菊花纹，用压凸的方式放在封面的左侧。其飘带式的菊瓣，有一种轻逸的美感，飘过书脊到封四，尤能感到盈袖菊香。扉页的设计以及扉前页的设计，是本书常用的元素组合。

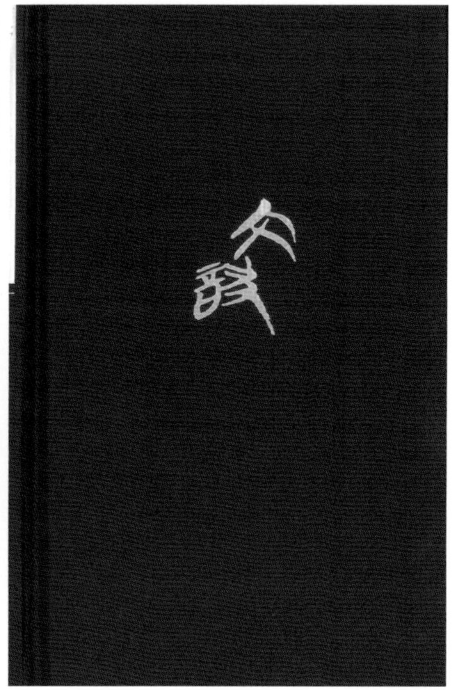

59　　60

韩湛宁　> 书是个整体。封面跟里面的非常统一，它有一个聚和散的关系。
您做得非常用心，一般人做到每一面都比较少了，很少这么用心。
下面谈谈《先秦诗文史》吧！

郑在勇　>《先秦诗文史》（2002 辽教版）的整体设计，起码有两点可以说说。在动手设计时，我发现此稿虽名为“先秦诗文史”，可在正文中其顺序却是先说“文”，后说“诗”。而且二者之间的文字量比例是 3:1，据此应名“先秦文诗史”方为合适。我估计可能是因为读起来十分拗口，故改今名。求证于作者，答案确是如此。不过在先秦时代诗文是并行发展的，都归于“文”内，没有很鲜明的界限。做这样的改动，并无不妥。于是我想可以在设计上帮助解决这个问题。我从楚简中，找到“文”“诗”二字，按上“文”下“诗”错开排列，组合成一个独立体。这个独立体定为此书的书标，在这个书标的左上侧，我又放上六个古体“文”字，加起来共七个“文”字，象征书内“文”篇的七个章节。在其右下侧紧贴“诗”处，又放了个古体“诗”字，象征书内“诗”篇的两个章节，这样我就完成我的初步设计：一个新的组合群。
护封是这样处理的：象征先秦历史的洪流自上而下，若明若暗，甚至有些朦胧。在这个背景下，我放上了这个组合群，定下主题。可以看得见“文”多，“诗”少。最后，我把书名字“先秦诗文史”横置于封面中部，穿“诗文”而过。这样诗文、文诗都可以解决了。我在内文的篇章对页上，又将组合群作为图纹装饰使用，与封面、硬封上烫印的书标相呼应。这样在释题上是有所帮助的。第二点说的是版面设计。本书采用偶数页与奇数页连成一体做连版设计。先有一个跨页的大文字线框。框内专排正文。框外分上下两处，上处专排图片，下处专排注释。上处图片若排不下，可以下沉，进入线框内，但是再大也不能穿越下线出框。下处框外的注释文字，分三栏排，上书眉在线框外左上侧，有些设计上的处理。页码都在奇数页下侧，骑线框。有左右、大小、深浅之分。说起来费劲啰唆，参见附图就很清楚了。

59《先秦诗文史》
护封、硬封设计
60《先秦诗文史》
“组合群”
Logo 设计
61《许渊冲文集》
封面
62《先秦诗文史》
版式设计

61

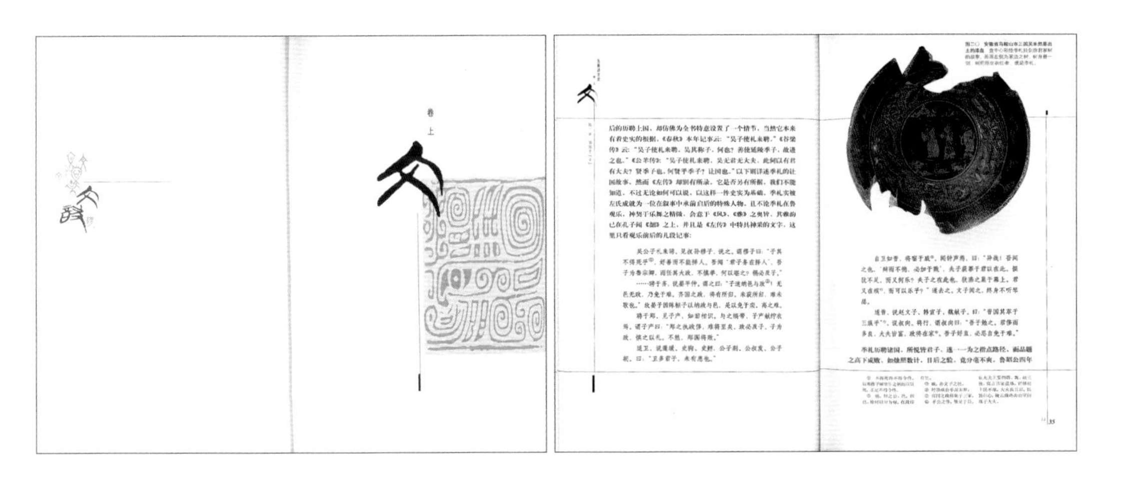

韩湛宁 ＞还有《许渊冲文集》，
也是您比较新的设计吧？

郑在勇 ＞《许渊冲文集》共 35 卷，2013 年出版。

这是一套多卷本的中外文对照译文集，译文分别有汉译英、汉译法、英译汉等多种版本。

此书封面设计的难度是使读者在封面上能轻易判断出是何种语种的译本，其原文又是何种语种。为此定了一个原则，以“许渊冲文集”为中线，译本书名文字一律用黑色印，放左侧。原文书名文字一律金色印，放右侧，这样加上玉器纹上的文字和尖角的指向，即使不翻内文，也可轻易做出结论。

平面设计作品

韩湛宁 ＞我看您在书籍之外，
也涉猎了不少平面设计的范畴，
如年报画册、标志等。
也设计了不少杂志，
如《词刊》《西北军事文学》《黄钟》《音乐创作》《语文学习》等。

郑在勇 ＞我设计期刊不多，现在看到的都是 20 世纪的作品，只有下列：《词刊》（1981）、《语文学习》（1987）、《音乐创作》（1988、1998）、《西北军事文学》（1988、1989）、《黄钟》（1993）等几种设计尚还差强人意，其余大多为平平之作。

韩湛宁 ＞您设计的商业画册，
我特别喜欢你为四通公司
设计的 1997 年年报。
这个设计您简单谈谈吧！

郑在勇 ＞年报的封面，是由四通集团（STONE）的五个字母组拼而成。字母“O”正好处在五个字母之间，这就给构图提供极好的条件。册中图表都做了设计。其中第七页的“历年收入一览表”的设计与集团的 Logo 相呼应，而第八页将“集团结构简图”设计成一个机器人模样，都是可看之点。

63《西北军事文学》
书影
64《音乐创作》封面
65《黄钟》封面及书影
66《四通集团》
品牌形象册
67《北京航富通
国际贸易有限公司》
品牌宣传页
68《语文学习》
封面

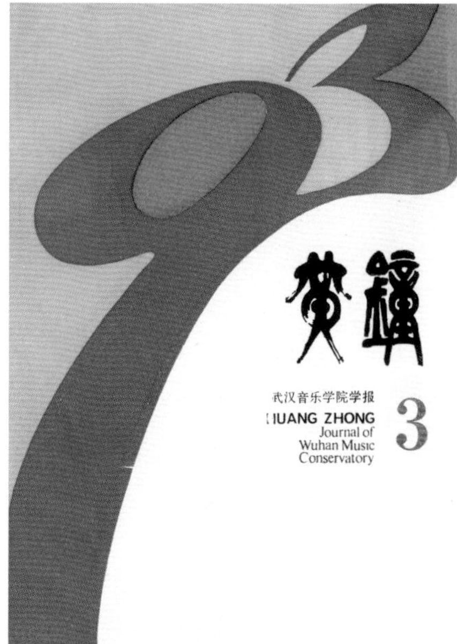

63

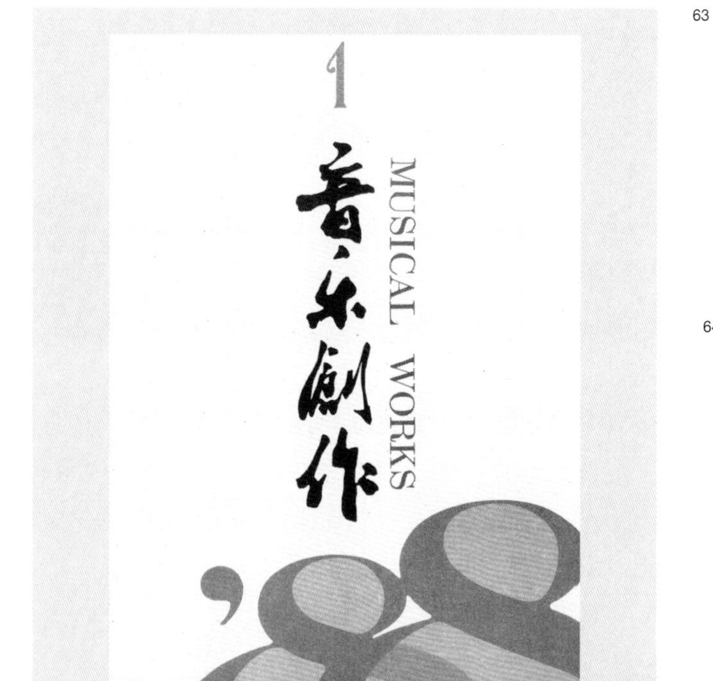

64 65

4
3
2
1
武汉音乐学院学报
HUANG ZHONG
Journal of
Wuhan Music Conservatory

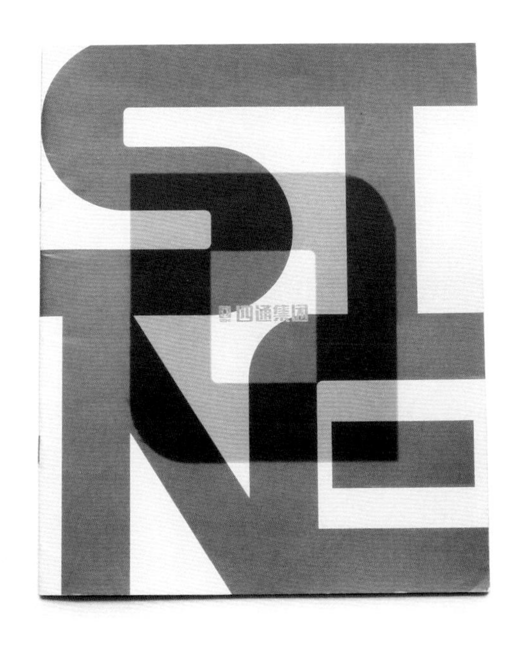

66

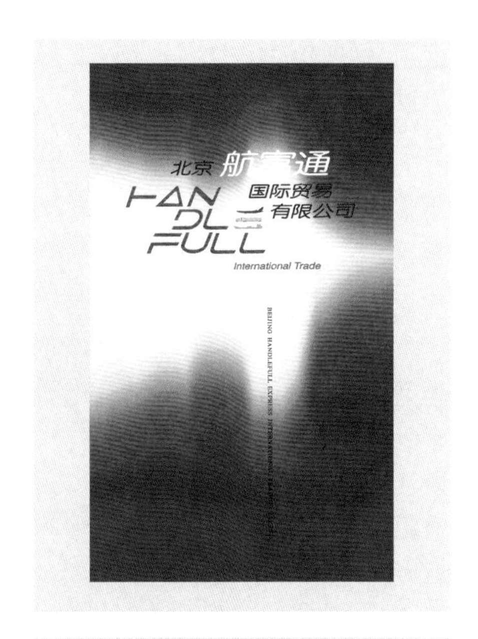

67

68

韩湛宁 >您还设计过几种挂历，我看这套是 2002 年的人民音乐出版社的挂历。都是用画家的以乐曲主题作品来完成？

郑在勇 >这个挂历名叫《现代绘画中的音乐》。选择 20 世纪初现代绘画大师的有关音乐主题的作品。“20 世纪有很多著名的画家创作了以乐曲为标题的画作，甚至很多画家本人就是出色的乐器演奏家。当时正是巴赫重现光芒的时代。巴赫的复调音乐作品（例如赋格），给了这些现代派画家，在探索新的绘画表现手段的过程中以很大的启示⋯⋯”我选择了诸如库普卡、康定斯基、马蒂斯、米罗、克罗地、德洛内等著名画家的以曲题命名的绘画作品的局部，来表达这一主题。

这本挂历由我提出选题，并做整体设计，还写了上面的一番话。如何对这些名作进行裁切是关键所在。我把握三个原则：①要尽量选择画面的最精彩部分；②要考虑留出可以放置月历的空间，并且不破坏画面的美感；③相邻的两页尽量拉开色差。然后就是以音符的造型来进行日历的设计安排。周六及周日等休假日大部分放在头部或尾部的两串高音符里，个别为 4 月、7 月特殊处理，4 月甚至放在中间两串音符中。封面设计纹样选用每个月的外边裁下一条共十二条组拼的装饰带。

69

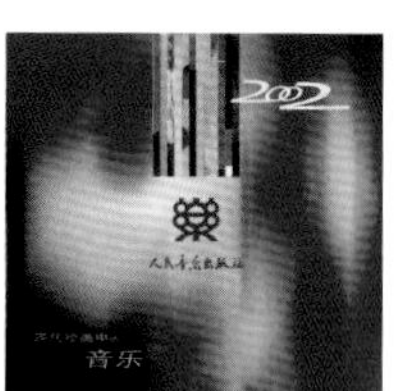

韩湛宁 ＞刚才我们谈到了杂志和挂历，现在我们谈谈您的标志设计吧。先从您为人民音乐出版社设计的两个 Logo 开始谈吧，我看到您还都有立体的标志雕塑，还是金属的啊。

郑在勇 ＞第一个是 1982 年开始使用的。这个设计是用人民音乐出版社的简称“人音”的拼音首字母“R”和 “Y”为设计主体，两个字母相连互相咬合，字体的空白处理成上下两个音符。“Y”还兼有音叉的图像。这个标志概括鲜明兼具多义，问世以来，屡获好评。后来还做了不锈钢三维立体雕塑型的。为了把它支撑住又设计个上为音符下为铅字的“支撑柱”底座，用音符嵌入式的方法解决支撑。铅字边上还有卡槽，当时还是铅排时代，铅字象征出版。

第二个是 1988 年，是为《中国音乐史图鉴》设计的书标，起到引领全书、活跃版面的作用，可以在全书的关键部分使用。设计从篆体“樂”字入手。通过处理，图形兼有鼓与鼓架的造型，给人一种鼓乐齐鸣的联想，寓有繁荣盛世、喜庆连连之意。因其指向清晰、图形大方得体在人民音乐出版社的出版物中，使用率很高。后来成为第二社标。

两个我都是认认真真地去设计，自己觉得都还可以。

69 人民音乐出版社挂历设计
70 人民音乐出版社社标设计（不锈钢）
71 人民音乐出版社社标设计（加不锈钢支撑柱座）
72 人民音乐出版社社标设计
73 人民音乐出版社社标设计（一）
74 人民音乐出版社社标设计（二）
75 人民音乐电子音像出版社社标设计
76 华乐出版社社标设计
77 中国歌剧选曲集 Logo 设计
78 “華樂”第二标
79 人民音乐出版社社史信息设计墙

韩湛宁　>您还为人民音乐出版社系统设计了“人民音乐电子音像出版社社标”“华乐出版社社标”“黄河磁带”标、“音乐教材”标等多个标志，都有着鲜明的音乐特征。另外，您在 1996 年为辽宁教育出版社设计了“脉望”丛书的 Logo，后来成为了辽宁教育出版社的社标，这个故事很神奇啊，我也很好奇。

郑在勇　>“脉望”，其实就是书虫，古书有记载。我设计了一个由云彩幻化而成的小书仙。我把它设计得可爱和充满仙气，再给它戴了顶道冠，让仙气更足一点，其实这道冠就是本扣着的书。不久，当时任辽宁教育出版社的社长俞晓群就把它征用，定为社标了。

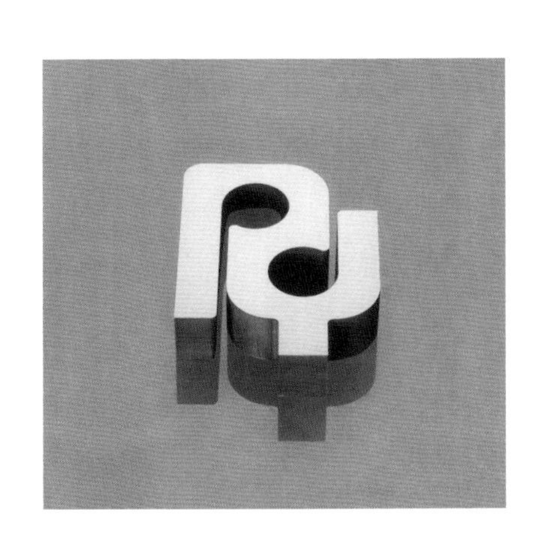

70

71

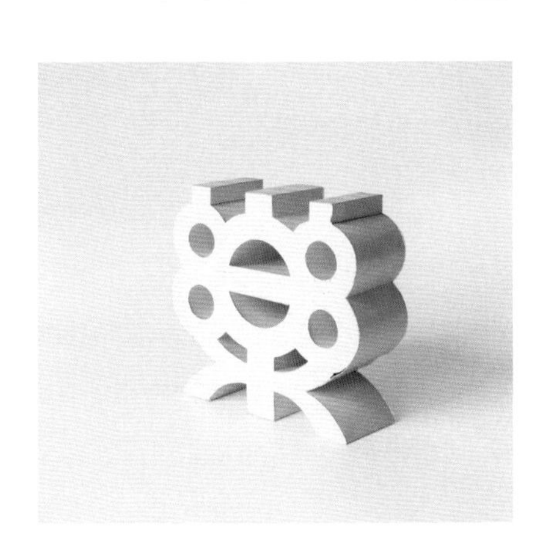

72

73

74

75

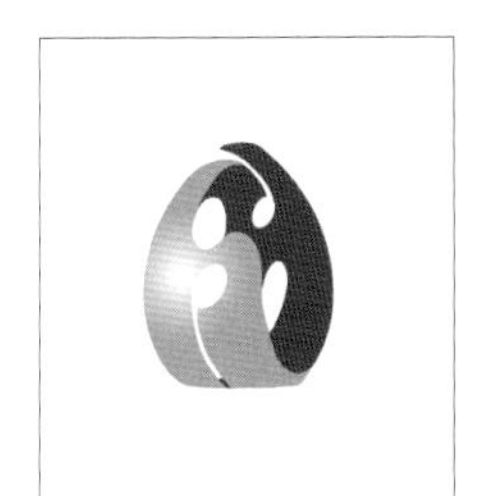

76

77

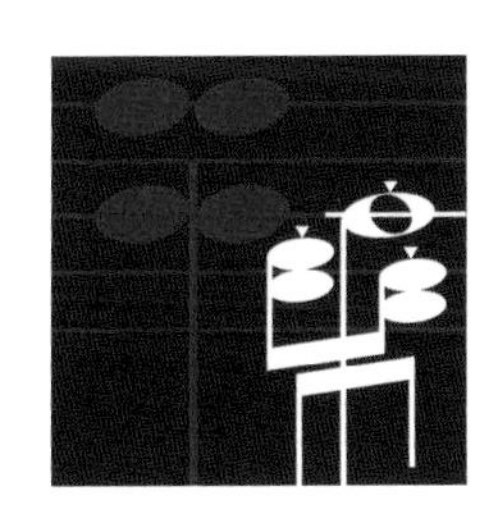

78

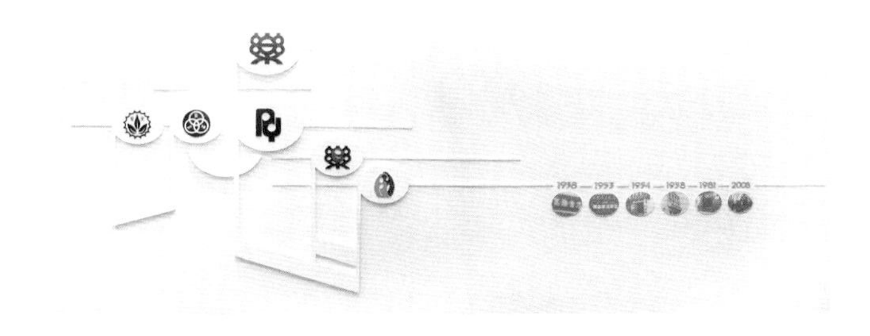

79

80

81

82

83

84

85

86

87

88

89

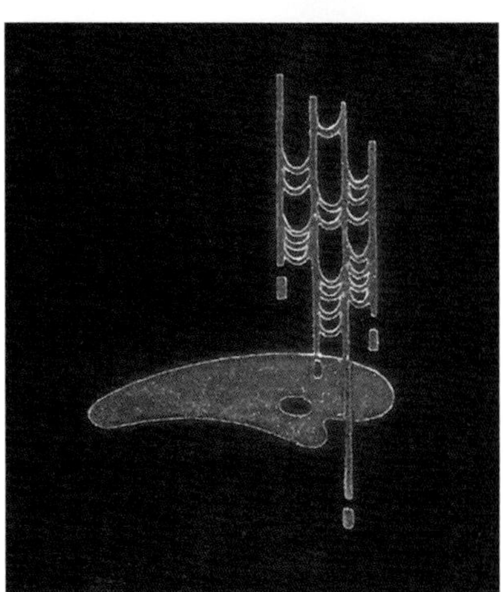

90

80 “96 中国国际交响音乐年”专用形象标志
81 “97 中国国际歌剧舞剧年”专用形象标志
82 辽宁教育出版社“脉望”社标设计
83 音乐教材用 Logo 设计
84 中国乐器图鉴书标设计
85 海豚书馆 Logo 设计
86《牛津简明音乐词典》硬封 Logo 设计
87 牛津精选 Logo 设计
88 扬之水 Logo 设计
89 “80 乐寿”专题设计
90《舞台美术选集》硬封 Logo 设计

韩湛宁 ＞前面我们也谈到您设计了大量的图书标识，其实也是标志设计的一种。诸如《牛津简明音乐词典》《中国音乐史图鉴》《中国乐器图鉴》《中华国宝大辞典》以及很多丛书如“牛津精选”“脉望”“书趣文丛”“海豚书馆”等。

郑在勇 ＞对。很多书我都设计了一个图标，我称之为“书标”。首先是起到一个标识的识别作用，其次有点类似中国书画的闲章，增加一种趣味和意境。

郑在勇之设计思想

平面设计思维

韩湛宁 ＞我们前面谈到的如挂历、年报、标志设计，甚至书标创作，都是您超越书籍设计之外的平面设计作品。包括您在书籍设计方面，有很多书籍的设计、封面上的字体设计等，都有着平面设计的明显特点，您是否也这样认为？

郑在勇 ＞谢谢您帮我做了总结，我没有觉得是自己做得有多么成功。如果有，这些特点也是历史给了我这个机会，我也许比别人早一点接触到而已。我走了另外一条不太循规蹈矩的路。或许由于在设计“语法”上没有受到严格的训练，当国外书籍设计已经“融入”平面设计当中的时候，“平面设计思维”很快影响到我。

韩湛宁 ＞没有受到当时“装帧”思维过多的影响，反而没有约束，您的创作是比较自由的。

郑在勇 ＞所以有点“野路子”，就是“非正统”的思维。有时这也要审稿的领导明白你的意图，他就会懂得和理解，你这是创新，并非胡来。

韩湛宁 ＞这对领导的要求也很高，需要对设计有较全面的认识才行，但是单方面要求领导也不行，其实这也是相互的作用力。实际上就是设计者和领导、责编、作者等的沟通与协调问题。

郑在勇 ＞说得太好了，这也是辩证的。一方面你自己先通过努力，得到同行的支持、大众的认可，取得一定的话语权；另一方面审稿人也有自己高层次的判断能力，这样互相就容易沟通了。

一直以来，我就非常注重阅读平面设计方面的书，探究名家们如何运用这些手段创作出如此出神入化、惊人的、异于前人的作品。我较早地认识到在版式设计中，网格设计已经发展到新的高度。我看到不少这方面的实例，非常佩服，就给我带来新的思考。有了创作上的冲动，就尝试着使用。很多时候一点点的小突破就带来一个面的新突破。

删繁就简、标新领异

韩湛宁 ＞您认为自己的作品有风格吗？我记得您非常喜欢郑板桥为自己书斋所题的书斋联：“删繁就简三秋树，领异标新二月花”，这是否可以说是您用它来表达您与众不同的创新追求呢？

郑在勇 ＞先说风格，我说不准。一种是自己以为，一种是别人洞察，我期望得到的是后面一种。至于个人创作上的特点，我觉得我努力追求的，就是第一个设计

91　92

91　韩湛宁从深圳赶到郑在勇老师家中对郑在勇采访
92　郑在勇沉浸在对自己所做设计的回忆中

跟第二个设计想尽办法不雷同，或许就是属于标新。有这个主见在这儿，我就努力去实现。但是主观跟客观是两回事，自己想这么做，出来能“立异”就不错了。“领异”是很难很难的。这里面原因复杂，而且还有个人能力问题。因此至今还只是实践过程，并没有什么拿得出手的作品。至于你说的这个不同的创新追求，是有过想法的，就是希望与当时的书籍装帧风格拉开点距离。当时实际上是以文学书籍的装帧为设计主流的。久而久之，文学书的设计风格就成了大家都在追求的风格，比如讲究“书卷气”、讲求品位。而“书卷气”的提出还有另一层意思，就是对艺术修养不够、把书设计成低俗平庸、不堪入目，失去文化品位的设计者以善意的批评。邱陵老师曾经说过，现在的书籍装帧设计缺少维生素“D”，“D”就是“Design（设计）”。

韩湛宁　>对，这个其实是当时的条件，大家可能就是完全像一张画一样没有设计感。

郑在勇　>“书卷气”当然是好事，我也在努力追求。但是书籍设计是不可能只有一种风格的，其他的如人文、社科等类别的特点呢？所以我就寻求音乐书籍的设计特色，它的音乐性在哪里、有没有更新的表达手段等。

韩湛宁 > 那这个想法和您表现出来的面貌在当时有什么样的反应呢?

郑在勇 > 这个问题问得非常好。不同的意见肯定会有，但是我还是得到不少来自老师和同行的鼓励，要我珍惜这种机会。什么机会呢？就是在音乐环境中从事美术创作的机会，寻找音乐书籍的设计风格。

韩湛宁 > 太好了，您应该是受到鼓舞了。那么在您的创新方面是如何思考的呢?前面说的“领异”，这个比“立异”应该是更有想法，您谈谈您对“删繁就简三秋树，领异标新二月花”的理解吧。

郑在勇 > 我很欣赏郑板桥 “删繁就简三秋树，领异标新二月花”这副书斋联。书籍设计，手法众多。但我个人始终把它作为设计以含蓄见长的音乐书籍所应该遵循的准则，想尽办法能够搞一些新的东西，搞一些与众不同的东西。

删繁就简当然不是见繁就删。删的是啰唆的、烦琐的。这样，核心的东西才能真正保得住。比如说早期邱陵老师是主张装帧应该要用减法这个道理。非常简练是一种很高明的手法，而且中国的诗词都很喜欢用这种手法。当然繁也可以营造自己的优势，繁盛、繁丽、繁华……也是一种风格追求，要懂得取舍选择。世上如无繁，简也就不存在了。繁简其实是相对的，繁实际上是另一种简，是一种辩证关系。关键都在艺术家手里，看自己如何能够拿捏到位。

韩湛宁 > 其实并不是说减得没有对象，而是删减掉多余的东西。“删繁就简三秋树，领异标新二月花”真是太传神了，也能简练地表达您的设计追求。

郑在勇 > 对，三秋树就是深秋的树。枯枝败叶都丢掉了，剩下就是那些基本树干。树形绝对保持住，那样就是很精练、很简略的，干净耐看。“二月花”是早春的花，诸花尚未盛开之前，它已是领先绽放了，我一直在努力追求这个。

不是看到，而是感受到

韩湛宁 > 对，中国画里面很多画的是枯树寒鸦那样，追求简约的意境。东方的道理其实是隐藏在这些家常里面。之前我看到您谈及自己的设计时，曾经有一个观点，那就是“不是看到，而是感受到”，对音乐书籍的设计语言特征、最佳表达方式进行了探讨。您是怎样让读者“感受到”呢?

郑在勇 > 因为音乐艺术是非具象的，所以不主张采用与写实绘画完全相同的方式去处理。就是不要用过多的具象的绘画形象去冲击音乐形象。好的设计者应该只提供一些意境、暗示去激发读者的想象力。

韩湛宁 > 是激发，而不是直接地展现和描述。

郑在勇 > 对，是激发，目的是找到读者心中那根容易共鸣的心弦，并成功地将其拨响。要明白：“弦”是在读者心里，拨响后所引起的共鸣也是在读者心里，你的本事全在那一“拨”上。读者若内心感慨，我并没有看到音乐而是感受到音乐了，才算是真正的成功。这一“拨”，是需要设计者具备足够功力的。设计其实就是艺术修养的较量。需要终身的努力去提高自己的艺术修养，在这里捷径和止境都是不存在的。

韩湛宁 >您的这个表达方式，其实也是一种中国式的含蓄表达，除了音乐，您也是继承了中国传统的美学思想中的含蓄和优雅。

郑在勇 >除了音乐本身的不可言说、含蓄，余韵绵长，给人无限遐想的特征外，中国传统美学思想历来就十分推崇含蓄。犹如高僧谈禅，道理很深，但听起来，只是些家常话。

韩湛宁 >太多就直露了，流于浅白甚至浅薄，败坏了音乐该有的意境。其实更多类型的书籍设计的思想也应该是这样，甚至东方设计的思想也应该是这样。但是音乐毕竟有音乐的独特艺术特征，那音乐的特征您又是怎样表现在书籍设计作品中呢?

郑在勇 >有一个音乐名词叫作 “音色”，说明音乐是可以有“色”的。还有一个美术名词叫作“色调”，说明音调也是可以有“色”的。所以音乐书籍的设计就应该充分发挥“色”的这个特长。何况长于“渲染”而不擅“勾勒”的音乐，恰是色彩施展其才华的地方。

节奏和韵律是音乐艺术语言的主要成分，可以说是一种实体。在欣赏音乐中，节奏和韵律给我们很大的感染。将这些感染所得运用到书籍设计中去，就可以产生强烈的艺术效果。前面提到过的《现代绘画中音乐》挂历等，都有可供设计参考的范例。

韩湛宁 >谢谢郑老师接受我的这么多次的访问，辛苦您了，也感谢您给予这么多的精彩作品、经验、思考和独特的设计思想，这些会给予我们年轻人更多的学习。再次谢谢您。

郑在勇 >也谢谢您的辛苦。我也没有你们说的那么好。现代的艺术审美比起我们那个时候早已跨前很大一步，我说的不过都是些老调。供大家参考！难为您了！

韩湛宁 >谢谢郑老师。

2014.6—2015.6
北京 深圳

93

94

95

96

93、94、95、96
生活中的郑在勇

Jeep
city

97 郑在勇和
妻子张曼安

李起雄和这座书城

《书都》杂志

“坡州出版城专题”采访

Q_ 采访者　魏甫华

　　　　　 韩湛宁

A_ 受访者　李起雄

1 Q_

BOOK CITY——坡州出版城 20 多年发展概况 。

A_ 坡州出版都市的正式名称为“坡州出版文化信息国家产业团地”。为了发展出版文化产业，国家指正，民间主导的国内唯一产业团地。做书的出版人与创造生活系统的建筑师意气相投，1988 年开始讨论都市建设——20 年后——于 2007 年完成了第一期工程。

出版都市第一期工程在 26 万平（平：韩国面积计量单位）的用地上建筑了 150 多个有关出版与印刷企业的建筑，并集聚了产业设施。建立了出版物综合流通中心和亚洲出版文化信息中心，确保了团地的核心设施。目前由 350 多家公司入驻，年销售记录达到了 1 兆 7000 亿韩元。

1997 年我们向政府提出，希望出版产业成为国家战略产业之一，为之指定了国家产业团地。“产业团地”是以制造业为中心的，这种想法如果直接适用在文化产业上并不是很合适。所以我们想附于“都市”的性格，希望出版团地转变为出版都市，为了这个转变，我们克服种种困难，不断地坚持。换句话说，完善产业团地的统一面貌，都市设计很重要，但是每个建筑的概念也是非常重要的。由闵贤植、承孝相、Florian Beigel、金钟圭、金荣俊等建筑师一起建立了第一期工程的建筑方针，以这项方针为基础加强了管理。在第一期工程中完善了这项方针，并反映在了第二期工程中。

第二期以“书与影视的都市”为目标，不仅有出版业和印刷业，更增加了影像和软件产业，通过不同行业的合作，我们希望把出版都市扩大为综合多媒体城市。包括国内屈指可数的 33 家影视企业，共有 112 家公司参与了本次项目。预计 2016 年完工。第二期工程结束后，出版都市将会有约 700 家公司入驻，约 15000 名工作人员将在这里工作。

2 Q_

李起雄先生是如何带领韩国的出版人铸造一座人文之城。李先生在韩国现代出版史上的历史地位。

A_ 说起最初怎样开始建造出版团地，要追溯到 1988 年，由几位有志向的出版人苦恼出版环境的现实状况开始的。当时的出版产业在非常恶劣的环境中独断专行，众口难防。我们想通过再配置，缩小近来出版产业效率的消耗，并计划了出版过程一元化的“梦中集群”模式。之后的 20 年间，我们创办了坡州出版文化信息产业 事业协动组合，树立了合作计划，通过行政资源和国民协调，被指定为产业团地，终于，在坡州市文发洞 50 万平的土地上实现了我们的梦想。

与出版人们一起提出建设“出版都市”，直到 2014 年，我一直承担这个重任，不断地想 “为什么建造出版都市”。这个也是很多人问我的问题之一。我的回答非常简单明了，即是：“为了回复‘人间性’，建筑这个都市。所以这个都市必须是以人为中心的空间”计划出版都市，想得最多的就是“回复共同的价值”。为此，我们需要做的就是以现在的形态恢复祖先们所追随的“乡约”。促进 Book City 的过程中，最重视的一点就是，抑制个人贪婪欲望，首先为共同利益所想，即是“共同性的实现”。

另一个理由（建筑出版城的理由）是：“为了做更多的善良之书，有价值的书。”作为生产高度精神产物——书的出版人和编辑，我认为我们的环境必须得到改善，希望在这个地方，为我们的社会做出优秀榜样。作为标本都市，希望我们向往的节制、均衡、调和与爱，这四个关键词可以融为一体，扩善于整个社会。

“书”在这个都市位于向往价值的中心位置。为了创造出版共同体，我们提出了“国家产业团地”这样巨大的计划。得到国家政策的支持是非常重要的，从出版被认可为国家战略产业之一为开端，以现实具体体现形式被国家指定为产业团地。但是，“产业团地”很容易变得软弱无力、枯燥无趣，我们考虑到这一点，决心通过引进“活泼都市”的性格，克服以上问题。我们在这巨大的大地上编辑了一本叫作“Book City”的又大又漂亮的书。

3 Q_ 坡州书城是怎样展现韩国出版人的文化理想的?

A_ 坡州出版都市并不是单纯的出版社聚集地，更不是为了提高生产力和竞争力。文化与艺术并存，才是我们的基本理念。不只居住在出版都市里的人，都市外的人也可以一起享有这个空间。30 年前，第一次发表出版都市的构想时，政府的反应并不是“必须要扶持”，而是既期待又顾虑。当然，当时也有人说“仅这个计划本身，是非常有价值的”。也许正是因为当时的这种深思熟虑的反应，使我们出版人更想要推进这个项目。当周围的人冷嘲热讽地说我们在做白日梦，尽管政府冷淡无情，之所以能如此痛快地给他们当头棒，是因为我们尽我们的全部给他们看，让他们理解，用我们认真的态度促进业务，使它透明化，还有周密的计划、坚持不懈的执念、“一定做得到”的坚定信念和精神力、困难面前不屈不挠、想要突破的促进力、可以把理想和长远规划转变为可能性的卓越说服能力和领导能力、稠密周到的宣传战略，就是因为我们有这么多优势和努力，我敢自我评价说，我们把它成为了现实。

类似 Book City 或 Book Farm City, 这种纠正我们现时代历史的项目，或为了树立共同价值，如没有独立的约定或契约是不可以的。在 Book City 的组织人员和建筑师间有“伟大的契约”“善之契约”等约定，正因为有这种契约，使出版都市更加整体化，它也成为了组织的指示灯，有了闪亮的价值，很多利益也紧紧相随。

4 Q_ 坡州出版城是如何运营的，遇到过怎样的问题，坡州出版城未来的发展思路。

A_ 随着建设民间主导的出版都市，诞生了三个团体。1988 年发起，1989 年成立出版文化产业团地建设推进委员会，1991 年发起了一山出版文化信息产业事业协动组合，之后随着用地从一山地区改为坡州，1995 年更名为坡州出版文化情报产业团地事业合作组。2003 年促进第一期工程，为了运营韩国出版文化振兴与亚洲出版文化信息中心，成立了出版都市文化财团。2007 年随着第一期工程的结束，成立了出版都市入驻企业协议会，第一期的组织人员被移管到入驻企业协议会，执行企业经营与人事管理。

李起雄理事长 / 摄影 吴忠平

为了坡州出版都市的顺利运营，必须有中央政府的协助。坡州出版都市作为国家产业团地，与国土交通部、产业通商资源部、文化观光部、产业资源部下属机关的韩国产业团地工团等部门一同讨论出版都市关联事项，在开发都市、改善项目的过程中，虽然有很多复杂的行政步骤，但是为解决问题，需要紧密地与中央部署进行协商。

出版都市一期和二期工程都是在现有的土地上进行开发。在国家产业团地这个圈子里实现了以业种安排用地，与个别产业设施构建在一起。文化产业很难定义为特殊物种，尤其与多媒体产业的结合是非常重要的。接下来我们开始努力促进第三期工程“Book Farm City”。

一期和二期事业中，我们努力把都市与周边环境进行调和，希望通过“Book Farm City”事业，把临近的 85 万平农地和被乱开发的 15 万平用地开发为电视通信等文化产品场地，目前正与政府协商中。“Book Farm City”并不是挖地式的开发，而是保留农业用地，改变周边配件。顺着出版都市成功的趋势，希望可以和谐构造农业与文化产业的结合。人类从自然中获取“米”，从灵魂中造出“话语”，支撑人类历史的“精神”和“物质”用象征性的词“话语”和“米”来解释，我们可以用这两个词来理解出版都市的第三期工程——“Book Farm City”。

5 Q_ 我们知道书城在国际性的各类评比中已荣获很多荣誉，能介绍最主要的几个吗？

A_ 英国的 Hay-on-Wye 书城、比利时的 Redu 书城、荷兰的 Bredevoort 书城等，与这些全球性的书城出版人一同参与的书城答谢交流上，备受刺激与感动。正是因为有这些人，携长远计划勇敢面对挑战，才会给人们带来这种有文化特色、情愿追寻的高质量书城。当然地方政府的积极扶持占很大优势，但是最重要的还是那些想要创造个性书店文化的书店店主的努力。每个书店都有优质的、不同特色的书籍，爱好者们才会常常光顾。

这样的访问带给我自信和勇气，我也确定韩国的“书城”作为开放式的文化创造空间，终有一天也会成为世界眼里的名所。出版都市作为书的学校，我们相信尽其所能做好连接韩国和世界文化的桥梁作用。共同努力的结果，出版都市被评为中小企业合作化事业（特别是不同行业间合作事业）的模范事例。在国际的关注中，我们也在不断地进行标杆管理（benchmarking），目前第二期即将完工。

坡州出版都市起初不仅得到国内的关注，也得到了很多国外的促进。1992 年新德里 IPA(国际出版协会)总会上，发表了出版都市的计划，获得了世界出版人的高度关注。1992 年 10 月，IPA 的事务总长访韩，并会见了高扬市长，传达了世界出版人对坡州出版都市的关注，希望政府可以帮助出版都市的建设。
2012年，阿拉伯最具代表性的全球奖项——“谢赫·扎耶德图书奖”（Sheikh Zayed Book Award）中，坡州出版都市获得“文化技术部分”的最高荣誉。这一年也是出版都市25周年，对于我们也是非常有意义的一年。出版都市仍在继续向“完工”奔跑。可以给我们这么大的奖项，我们认为是因为出版都市的目标和意义被认可。这是至今一起努力的出版人、印刷业人员、电影制作人员，以及其他业体共同创造的成果，我们认为这也是因为他们希望我们可以继续延续和发展。这次奖项也成为了再次下定决心的契机。
此外，1992年，文化部表彰给我“出版印刷贡献者”总统奖。1994年获得“大韩民国文化艺术奖”，2006年获得“仁村奖”言论出版类奖项，2006年获得“第48届韩国出版文化奖”特别奖，2013年被授予“银馆文化勋章”。
出版都市并不是一朝一夕建成的，而是通过社会不断的关注，提高了完成进度。我认为以“获奖”为契机，希望我们的出版产业在更高的关注度和期待中步步登高。

6

Q_ **坡州书城与“世界书都”（The World Book Capital）有怎样的联系？如何申办？**

A_ 联合国教科文组织（UNESCO）把每年的4月23日定为“世界书与著作权日”，为了纪念这个日子，2001年从西班牙马德里为开端，每年会安排5个城市选定为书都。评选委员会由国际书店联盟、国际图书馆联盟、国际出版协会、联合国教科文组织组成。2013年7月19日，韩国仁川广域市获得联合国教科文组织“设计书都”。这也是世界第15个，亚洲第3个，在韩国最初被授奖。
仁川距离坡州出版都市约30分钟的路程，作为韩国第二大都市，仁川国际机场和仁川港起着“国门”的作用。仁川有活动时，坡州出版都市也有计划积极进行协助，议论两者有没有关联，并不是有意义的事情。通过在韩国举办的世界级有关出版的活动，可以振作我们国家整体的阅读水平，让更多的人明白书的重要性才是我们的宗旨，所以在坡州举办的活动和在仁川举办的活动都是相互相助的。

衷心感谢贵方能让我们得到采访，不胜荣幸。

深圳《书都》杂志社 2015.04.03

a 联合国教科文组织和三大国际书商协会、国际出版协会、国际图书馆联盟合作的项目是“世界书都”（The World Book Capital）

b 深圳市2008年获得联合国教科文组织“设计之都”，2013年获得联合国教科文组织“全球全民阅读典范城市”

李起雄 | Yi Ki-Ung

坡州出版文化信息产业事业协动组合 / 理事长（1991—2014）
出版都市文化财团 / 理事长（2003—2013.2）
大韩出版文化协会 / 副会长（1990—1992）
韩国出版合作组 / 理事长（1990—1996）

现任坡州出版文化信息产业 事业协动组合 / 名誉理事长
国际文化城市交流协会 / 理事长
首尔市未来文化遗产保存委员会 文化艺术部委员会 / 委员长
文化财厅属下国立非物质遗产创造科学委员会 / 委员长
中小企业北部协动组 / 会长
悦话堂出版社 / 社长
悦话堂书博物馆 / 馆长

获奖

被文化部授予“出版印刷贡献者”总统奖（1992）
荣获“大韩民国文化艺术奖”（1994）
荣获“第48届韩国出版文化奖”特别奖（2006）
被授予”银馆文化勋章”(2013）

编著

2000《未结束的安重根战争》
2001《世界的孩子们》（写真集）
2001《通往出版都市的书之旅：出版人李起雄的书与文化故事》
2007《坚守意气的，牛的故事》
2010《我的朋友姜云求》（写真集）
2012《通往出版都市的书之旅：出版人李起雄的“书与文化故事”第二谈》

21 世纪丝路出版与人文国际研讨会

联合国教科文组织

深圳读书月组委会

华强集团

2015年5月16日，21世纪丝路出版与人文国际研讨会在深圳图书馆五楼报告厅开幕，上午以“21世纪丝路出版发展战略与亚太文化合作”为主议题，下午以“深圳世界图书城市发展战略构想”为主议题。来自海内外的出版、设计与规划界的专家、学者做了精彩的演讲，以下为嘉宾演讲汇总整理：

李起雄　　坡州出版城市的文化及理想

李起雄，
韩国坡州出版文化信息产业
事业协同组名誉理事长，
韩国国际文化城市交流协会理事长，
首尔市未来文化遗产保存委员会
文化艺术部委员会委员长

在我小的时候，我们国家是一个书的国度；历代也有不少的明君，都非常注重文化，所以，我们国家是充满文化气息的国度。但我10岁的时候，发生了韩国战争，这个战争捣毁了韩国的众多文化。战争结束之后，我们面临的是国家的分裂和很多文化和书籍的损伤。

我懂事之后，一直对这个问题进行思考——在这样一个恶劣的环境下，我是否可以做出一些有益于社会的好书？在这个想法的推动下，我们一些有志向的出版人聚在一起，不断地去研究怎么样去做出好书、怎么样创造一个做书的好环境。1988年，我们就开始讨论这个出版城的事情。在首尔近郊有一座非常美丽的山，叫作北汉山，志同道合者经常去山上讨论这些问题。

这个出版城真正启动是在1990年。1991年我们正式成立了一个组合，以后就通过法人组织的形式来推动项目的进程。我们选了首尔西北边的一个新城——壹山新城作为出版城的地址。但出让土地的主管部门（土地公社）要求的地价非常高昂，超出了我们的预算。所以，我们召开记者招待会，披露我们对政府做法的一些不满，当时在社会上引起很大的反响。

金泳三总统对我们文化产业做出了巨大的贡献。他通过政府决策帮助这个出版城指定为国家的产业园；另外，他说服军方，解开战区不可以做产业的限制。所以，我们就在坡州战区拿到了非常廉价的地，为我们出版界的发展所用。

于是，我们出版城的地址从壹山新城改到坡州这样一块非常荒凉的地域。在文化部部长、京畿道的领导、负责出让土地的土地公社社长、军区司令员这些关键人物的见证下，这个出版城正式命名。金泳三总统当时刚好进行访华的国事活动，不能出席，而特地发来了祝语。

我们出版城的理念，可以用这几个单词概括：节制、均衡、调和、人间爱。即是说，这座城市和建筑，应该是一个非常节制、均衡、和谐、充满爱的空间。这个想法，自1988年开始到今天为止，从来没有改变过。我们一直在主张的，就是单凭我们这些“小我”，去实现宏大的目标是非常困难的。我们每一个建设者经常提醒自己，历史记录着我们、看着我们，我们要对得起历史。这是推动我们共同去遵守这样一个诺言的关键所在。我想这座坡州出版城的监督者是谁呢？他是一位伟大的历史人物，是当年为反对日本殖民统治，刺杀时任日本总理大臣伊藤博文的安重根义士。我们做所有的事情时，脑海里都在想安重根义士可在上天看着我们啊。

我们的事业需要有一份共同的协议。入驻的所有业主、参加施工的建筑家共同签署了这样一个伟大的协议。主要内容是出版城的理念、建筑的理念、运营的理念、整体与个体的理念，各方都要去遵守它。这个协议里面的文案，后来为很多专家所引用。他们认为出版城成功的最核心的因素之一，就是有了这样一个体现出版城文化价值的文案。

亚洲出版文化信息中心是作为第一个公共建筑，为出版城存在的象征。如果没有它的存在，我们出版城后续就很难推进。出版城是靠我们民间的力量去推动，所以，建这样一个大公共建筑，对我们民间来说资金是非常困难的。此时任总统的金大中先生给了我们非常大的帮助，他提供了100 亿韩元的政府补助。我们在拿到这个资金之后，再提倡入驻的业主，让他们也相应地共同筹集这笔钱。最后，我们总共花费了 200 亿韩元建成这座亚洲出版文化信息中心。

另一个建筑，是出版物综合流通中心。我们拿到补助金预算的时候，政府要求只有一个，就是建成一个可以储存出版物、分类整理和发行功能的综合流通中心。流通中心要管好这些出版物，减少损耗、节约成本，给读者提供物美价廉的书籍。我们遵守了诺言，建成这样一个综合物流中心，也是亚洲最大的物流中心。亚洲出版文化信息中心和出版物综合物流中心这两个公共建筑，对我们整个坡州出版城的发展起到了一个主轴的作用。

在我们第一阶段项目即将竣工的照片中，大家可以看到一个主干道，我们称作自由路主干道，旁边叫作主干道的影伸，一排排的厂区、出版区。我们出版城本身是一个产业园，一想到产业园，会感到非常枯燥，为了把这个产业园变得非常具有活力、年轻，我们把这个产业园变成一条充满书香的街区。

我们第二阶段项目，除了书籍、印刷这些行业之外，还引入了电影业。所以，我们把第二阶段项目称为“书和电影的城市”。第二阶段的时候我们签署了友善的协议，意为要抱一颗友善的心。

第二阶段也跟第一阶段一样，我们认为需要总指挥部这样的一个公共建筑作为标榜。第二阶段的这个总指挥部建筑，我们给它命名为“书筑共业纪念馆”。“书”是代表着我们出版界，“筑”是代表着我们建筑界，意思是我们出版界和建筑界携手，共创一座好的出版城。

第二阶段结束之后，我们将步入第三阶段的项目——图书农场城市（Book Farm City）。我认为做书、种稻和育人，都是一脉相承。所以，我把这三个理念整合起来，做出了第三阶段的理念。我希望这样一个理念，可以带动我们出版城的可持续发展。

出版城自设想提出来，到后续实现，所有的会议、设想、讨论结果，都做了记录。出版城就是在整个记录过程中成长的。

很多人问我，出版城为什么能成功？那是因为：第一，我们出版城的成员们，就是我们的出版人，还有各行各业的成员们一起齐心协力，凝聚非常大的力量。第二，就是上面提到的四个关键词：节制、均衡、调和、人间爱，我们一直在遵守着它。第三，我们签订、承诺了“乡约”、伟大的协议、友善的协议以及各种方针决策，有一个现实的规则可以指导。第四，就是它重要的地理位置。它的交通非常方便，离首尔非常近；面向未来的话，它是处于统一南北韩国的一个重要的中心地带。第五，我们被指定为国家产业园。拿地的价格非常廉价，为我们后期的成功奠定了坚实的基础。第六，跟建筑家们的联手。因为跟建筑家们一起齐心协力做设计、施工。在某方面上，既能节约时间，又能节约成本。

我们都说东亚是汉字文化圈，中日韩三国都在使用汉字。我们应该利用汉字圈的优势，彼此进行深入的沟通，让我们彼此增进理解，携手共进。

丁学良　　21世纪丝路文化合作新前景

丁学良
香港科技大学社会学部教授、
深圳大学中国海外利益
研究中心学术指导

我讲话的内容，其实是很实在的一个考虑。我非常希望深圳出版集团、海天出版社能获取更多的机会，能够出好书。一个出版社，最后会不会在人类教育史、文化史、文明史上留下来，就是靠好书。

现在“一带一路”的大项目，是全世界最关注的，也是中国在做的事。陆地上的丝绸之路，可能深圳没有很多很好的条件去再做更多的事情，但是，海上的丝绸之路，深圳应该当仁不让。这个机会你们抓不住的话，就会失去。

海上丝绸之路，我想对你们做几个具体的建议。从1990年后期到2007年初，我们引入了多国的团队，针对海上丝绸之路的出发点——湄公河沿岸的六个国家：中国、泰国、缅甸、老挝、越南、柬埔寨展开。当时，我们做了中国和东盟之间贸易的交通、旅游这些方面的项目。

在做的过程中，我们团队的汪华林博士提到他的一个设想，在今天看来，跟刚才李先生讲的理念有非常多的吻合之处。这个吻合的介绍，讲的就是和谐。在我的理解中，“和谐”至少具有三个含义。

第一个含义就是国家与国家的和谐。中国是所有东盟沿岸国家中最大的一个，声音也是最强的。但是，中国和周边这些国家打交道，应该把和谐作为最高的起点，你不能以大欺小、以强欺弱。汪华林博士说，东南亚这些国家里很多华侨华裔，一方面，非常希望看到中国的强大富强；另一方面，希望富强和强大以后的中国，不要变得像有些国家一样，就是欺负弱小的邻居。

第二个和谐就是人文的核心。他说湄公河从中国发源，沿途不知道有多少民族。就是说在人类学上面，不知道有多少小的文化。但在这些文化中，有很多都是靠着他们自己非常传统的一些宗教、人文、家庭理念，在非常艰难的自然条件下，经历了很多代才生成。因此，中国和东盟之间以后发展经济自由贸易区，要经过的这些地区，千万不要以经济发展作为压倒一切的目标，把沿途这么多样的文化都摧毁掉。

第三个和谐更值得我们学习。他说，整个湄公河从沿途到大海，它具有无穷的生物的多样性。这么多的生物的多样性在整个地球上，现在只有两个地方还有，其他地方都被毁掉了。一个就是亚马孙流域，一个就是湄公河流域。当然，中国跟东盟之间以后的经济发展也好，自由贸易区也好，经济发展绝对不能以摧毁沿途生物生命的多样性为代价。他说，这个是几十亿年的地球演化出来的。

汪老爷子讲，我们能不能在做这个经济发展项目的同时，花自己的钱，不能从银行贷款，不能靠政府，做一个沿途的多样性的项目。我们可以首先集中在两个多样性：第一个是生物生态的多样性；第二个是文化生活方式的多样性，包括宗教、社区、婚嫁、装饰、沿途的手工艺品，等等。

我们每一个多样性都做一本大画册。老爷子做的第一本画册，一共做了三种不同语种的版本。一个是英文的，画册很贵，贵在每一幅照片都是我们自己拍的。从湄公河源头到湄公河流入大海，中间有很多人员进不去的地方，进去都是冒生命危险的。而且，沿途经过的很多地方，是鸦片贩毒分子的犯罪地方。另外做了中文版，还做了泰文版。本来还计划做越南版、缅甸版等，可惜，汪老爷子 2007 年 2 月心脏病发作去世了，留下了无穷的遗憾。

第一本画册出来以后，第一次在中国境内举行中国跟东盟自由贸易区的总理和副总理以及内阁会议的时候，温家宝送给东盟所有国家来的高级官员的纪念品就是这本画册。海上丝绸之路是出版物的一个大话题。而海上丝绸之路，从中国沿海一直到非洲，有很多的故事。我非常希望你们能够抓住这个机会把这个做起来，这个能做好几代的记录。

第一件要做的事情，就是海上丝绸之路的终端的三个国家：中国、韩国和日本。在我所收集的那么多宝贵的资料当中，日本出版做得最好，而且具有先见之明。比如说我现在收集到最好的一套画册，就是“文化大革命”结束以后，第一次允许外国的一个庞大的摄影队到中国内地去摄影，拍摄陆上的丝绸之路经过的地方。那些画册里面的每一幅作品，现在都很经典。如果你们能够在中日韩三国出版界找到很好的项目，第一件事就是把三个国家到现在为止就海上丝绸之路出过的这些书、画册等，先做一个书目的整理。这个书目的整理一定要有专家参与。因为很多的书是没有价值的，很多书都是胡说八道；还有很多书可能已经不被我们所知道，但具有了不起的价值。先把这个东西做一个清仓、整理。我讲的整理，先列数目，然后分类，再排次序，最后优选，交叉评估，整合一体，出版丛书。

第二件要做的事是，把这个工作做了以后，我非常希望你们能够把汪华林博士当年讲的几个多样性这个理念，纳入你们后续工作中。

尹昌龙

尹昌龙
深圳出版发行集团党委书记、总经理、深圳市政协委员、深圳市罗湖区人大代表、深圳读书月组委会办公室主任、深圳市阅读联合会会长

“书城＋”与城市公共文化综合体

“书城＋”与城市化综合体，主要是对我们深圳出版发行集团从 1996 年到今天所做的一个实践的总结。我们是开书店、办书城的一群人，我们就把我们一群人的一些想法和所做的一些事情跟大家做一个报告。

昨天上午，我们深圳出版发行集团第四座大的书城已经横空出世——深圳书城宝安城正式开业。至此，我们深圳出版发行集团已经形成四座大的书城，就是罗湖书城、南山书城、中心书城和宝安书城。我们自己亲切地喊，就是 1.0、2.0、3.0、4.0 版的书城。

首先，我想介绍一下我们最早的一个书城：1996 年的罗湖书城。这个 1.0 版的书城，是当代中国特别是大陆，从实体书店门店向大型图书超市跨越的第一个书城。大家知道，在中国有一个全国图书行业所开的图书交易博览会。这个书市一般只在

省会城市举办，当时因为中央在这里建立经济特区，为了支持深圳的发展，国家决定把第七届全国书市第一次放在非省会城市，就放在深圳举办。

当时大家觉得深圳是文化沙漠，在文化上应该不会有什么大的起色，对这一届全国书市在深圳举办没有抱太多希望。而恰恰是这届书市，创造了全国书市的七项纪录。其中有一项纪录，就是现场图书交易创历届全国书市之最。在整个开业前十天，客流突破 100 万人，销售额达到 2170 万元，创造了历届全国书市之最。这是当时书业一个最大的新闻，谁也没想到，一个经济特区的城市，会忽然之间有这么多读者，这么多人给予关注。当时人们有一个说法，在深圳，人们体会到买书不是一本一本地买，而是一捆一捆地买。所以，第一次把图书超市的概念引入书城。

那么，这两者之间有什么区别呢？最早的图书门店，我们买书就是隔着柜台，让服务员把书拿过来，然后我们买一本书。如果服务员态度好，他会拿给你先看一下，然后我们决定是否买；如果服务员态度不好，看完不买就比较难为情。所以，我们有时候要服务员给拿一本书，你就充满内疚。而这次的书市，第一，是超市，超市就是品种多、数量多；第二，是开放式的，没有任何一个柜台可以挡住你；第三，可以自主选择，你可以先翻，你觉得好再买。实际上当时所谓的书城，就是图书超市。我们把超市这种超大规模对于零售商品处理的经验，应用到图书领域，所产生第一代书城。

下面，我跟大家介绍第二代书城——2004 年我们在南山区建设的书城。这个书城跟我们罗湖的第一代书城有什么区别？那就是我们开始形成一个文化综合体，叫 Book Mall 的概念——通常我们图书超市虽然是超市，但它只是卖图书。到南山书城以后，它不光可以卖书，里面还有培训、文具、餐饮。在这 Book Mall 里面，我们已经越出了书的概念，不仅有书，而且有非书，开始跟书的相关领域做出延伸。

由此，也造成一个新的困惑，书城应该用什么名字？后来我们认为，Book Mall 这个词可能更准确，实际上 Mall 这个概念是引进了消费 Mall 的概念，它是一个综合体概念。综合体概念，就是以书为主导，但不全是书。但是，当时南山书城仅仅是一个小的延伸和扩展，它只有培训、文具，以及像一些文化用品、装饰用品，包括像咖啡和一些快餐。所以，它只是做一个小的延伸，还不是一个大型的 Mall。

下面，到了 2006 年，我们集团开始探索 3.0 版的书城，就是深圳中心书城。中心书城也是这一次深圳文博会的分会场，它已经做了文博会九年的分会场，而且多次成为文博会优秀分会场，也是文博会所有分会场当中唯一一个是以书、以出版物为主题的分会场。

这个分会场，也创造了很多新的纪录。第一，它是当今世界我们所见过单层建筑面积最大的书城，整个书城占地面积是 4 万平方米，但是建筑面积是 8 万平方米。第二，这个书城最重要的特点，第一次开辟了 24 小时书店。2006 年中心书城开业的时候，我们 24 小时书店灯一直是亮着的。一直到今天，我们 24 小时书店的灯从来没有熄灭过。所以，叫一个城市永不熄灭的阅读灯口。

我们在中心书城开始真正形成了书城的圈层概念，把书城分为三类：第一类，核心层，永远以出版为主，包括音像制品。它是华南地区目前所见最大的音像制品的销售店。第二类，相关层，包括培训、外文书店、各种专门性的书吧等，进行了一些创意用品、文创用品等等。第三类，外围层，包括一些文化休闲，比如说报告厅、主题讲座。也是在中心书城，我们创立了深圳的市民文化活动品牌，叫作晚八点。每天晚上八点钟，我们会请专家围绕各种不同选题，来讲解文化、图书等。

现在新开业的宝安书城，我们称之为创意书城，这个书城里面特别强调创意的概念。第一，我们设立了创客空间；第二，设立了创意大讲堂；第三，创意的 Show 等。很多创客在我们书城里都可以找到他的空间。特别到周末，我们会设立创意集市，很多人带着自己的创意产品到现场来销售等。我们把创意作为主要内容。特别是在深圳，深圳的工业设计比较发达，很多工业设计的产品也在我们书城有展览。

我们对书城模式做个总结：第一，打造以书城为阵地的城市文化生活中心，要做内容的贩卖者和阅读的指引者。书城永远姓书，现在很多书城打着开书店、书城的名义，实际上没有书，里面找不到书，这不是我们的本意。书城永远做内容的贩卖者和阅读的指引者。包括我们做了很多书城选书、金牌店长、金牌导购、金牌买家的活动等。

第二，我们要做空间的生产者和体验的创造者。书城一定要以最美的文化空间来吸引读者，所以我们每次对书城的设计方说，特别是我们的宝安书城，我觉得对我最大的启发就是法国巴黎的奥赛博物馆。书城最大的问题是什么？它的每一层把它隔开，中间无法交流，不能造成构想空间，每个空间是没有成长性的。如何唤醒每个空间的生命力？在书城，不能允许任何一个沉睡空间的存在。这是我们书城空间设计者必须完成的一个使命。为什么要做体验的创造者？因为我们跟电商在竞争当中，电商无法代替我们的，就是体验，我们在现场会永远创造无穷无尽的体验，是它在虚拟空间中无法实现的。

第三，我们做平台的打造者和文化服务的提供者。书城绝对不仅仅是一个卖书的地方，我们书城是一个平台的打造者，书城要成为公共文化服务的空间。在我们中心书城，一年举办的公共文化活动是 780 场，远远超过任何一个文化馆、文化站所举办的活动。所以，它是名副其实的公共文化空间。我们把各种资源组织在这个平台当中，而不是把书城仅仅变成一个卖书的地方。所以，我们书城是一个公共文化的空间和公共文化活动的重要平台。

其次，书城的模式，我们也有几套体会。

第一条，也是让我们内地同行非常羡慕的，就是政府的支持。深圳市政府永远把最好的地用来做书城，这是几代城市的决策者最有眼光之处。所以，我们城市的中心到哪里，书城到哪里，书城永远在城市的客厅位置。所以，没有这个支持，我们无法实现。包括我们宝安书城，市区政府各投资 50%，然后由我们来建设运营。这样使书城没有更多的经济压力，而真正成为老百姓满足公共服务的一个公共空间。

第二条，我们理解文化活动是书城的生命线，书城一定要举办大量的文化活动。这些文化活动做人气，这也是电商所竞争的。我们实体店的人气，从我们中心书城来讲，高峰期可以达到六七万的人流量。所以读书月的主阵地，就在我们书城。另外，我们学习国外的做法，举办读书不眠夜。在每年深圳读书月闭幕的这一天，也就是 11 月 30 日晚上，书城通宵开放，一个晚上有几十项活动在书城举办。所以，书城永远是流动的盛宴。

第三条，业态组合是书城的生命线。书城可以有外围的业态配合，但是一定要组织在书城整个文化场域当中。我们对书城一个重要的口号，就是书城作为一个文化场所，一定要培养起它伟大的场所精神。如果它没有伟大的场所精神，书城将没有灵魂。所以，我们拒绝任何跟书城这个伟大的场所精神相违背的一切事物，按照这个原则来组合我们的业态。

夏铸九　　深圳世界图书城市的政策定位

夏铸九
亚洲规划学院学会会长、
台湾大学建筑与城乡研究所前所长、
南京大学宜兴讲座教授

首先，我这个标题是很专业的。这是经济新常态下都市再结构的战略性规划，也是存量规划的挑战。什么叫存量规划？深圳是中国第一个城市，没有空地可以像从前一样来满足新的建设，必须要在既有的、已经建成的空间上做发展，这个叫存量规划。依我所知，深圳规划局、国土局已经几年前就知道了这一点，这是一个走在中国大陆其他城市前面首先面临的一个挑战，因为深圳不可能去向周边要土地，别人不会给深圳的。

深圳经由与香港隔河相望的珠三角小渔村，变成为世界工程制造领域快速崛起的一个高新技术产业与技术服务业集中的城市，这个也是历史了。真正的重点是，现在正处身在一个以创新驱动再度脱胎换骨的设计之都与创新城市网络的变动过程中。简单地说，深圳现在就在升级，真是八方风雨会深圳，天下人才聚东南。我来深圳最吃惊的是，深圳的人才真不得了，全国各地最优秀的人会聚在深圳，这说明深圳有能力升级与转型。

世界图书城市的政策定位，会关系引入活动产业内涵的营造，希望有助于生根深圳设计之都跟创意城市网络所亟须的。因为我们的世界图书城市其实是深圳变为一个市民城市生活方式的展现，也是深圳作为一个市民城市文化重建的灵气所在，一个有书卷气的城市。因为以后没有人敢再嘲笑深圳，说深圳没有历史，这就是我想说的。

书卷气的城市，其实是一种学习型的城市。要如何营造学习型的城市，在我们这一行其实是一个高难度的工作。也就是这个学习型的城市，或者学习型的区域，在这里的人会努力向上，会喜欢听演讲、看展览，甚至主动跟研究单位互动。在这些学习城市与区域，才会有所谓的创新。我们在全世界可以看到，像美国加州硅谷，它就是学习型的城市。

我想谈关于基地，我现在不知道将来什么地方最适合来营造深圳的图书城市，但是，会让深圳变成珠三角的书房。我也知道，到现在深圳的领导在想尽办法引进国外的，以及北京的、香港的大学。所以，我们将来的基地能够临近新引进的大学城附近最好。我们的图书城市，第一点一定要让市民方便。这个都很容易达到，但后面就是对设计师的挑战。

对一个设计师来说，他不只是盖一栋房子，而是对地方的营造。未来的城市是一个特别的地方，进到这个地方，中文就是天圆地方。进到这里，即使我们不见得能够像武陵人步入桃花源，可是至少要像宫崎骏动画电影里的千与千寻神隐少女一样，穿过边界一隅，即展现一种异质地方。我当然不是说再去搞一个山洞，而是设计师通过设计的手法，让我们的经验做个转换。

第二点，信息城市里的图书之城，我们要让纸本和网络的世界可以结合。

第三点，图书城市要营造一个叫作书香氛围的建构。这个看起来很抽象，什么叫书香之城？就是人到了就想翻书、看书的地方，我觉得，这个是我们的责任。我们要把这个图书城市，不管以后 4.0、5.0 版，这个地方让人们进来就想看书、翻书。

当然，韩国坡州出版城我很尊敬，我看了他们的资料，他的目标就是端正风气、文化立国。这个真是气势不凡。他的文献里面，奎章阁文化，明代理学，德业相劝、过失相规、礼俗相交、患难相恤。

图书城市在空间的类型上，我们假如能够改造一组历史的建筑，深圳还有不少围屋或者村落。即使不能这样，能由一条步行长街作为主要空间结构也很理想。总之，这是空间混合使用的文化园区。

第四点，它是文化信息产业链。包括书店、书展、虚拟图书阅读、编辑、出版社、不污染的印刷厂、编辑部、著作版权、出版社、活字排版，以及老书修补、传统手艺、平面设计、其他设计，甚至一些时尚设计，等等。这些东西都可以相互互动，结合为一体，再进一步，出版产业可以跟影视、媒体产业结合，这就是新一代图书城。

第五点，怎么样成功启动，我提一个很简单的标准。假如深圳的世界图书城能够吸引十家重要出版社与编辑部入驻，以后就没有人敢再嘲笑深圳，说深圳没有文化了。要主动邀请与读书印制有关的传统手艺有关作坊。

主要的策略，就是要低租金。因为这些编辑部、出版部，你要吸引它就是低租金。但是他们入驻以后，能为城市生利益，增就业、提文化，丰富市民生活，城市得利巨大。北京 798 为什么搞不下去？就是艺术家被撵走，背后道理就是这个。甚至我都不愿意说，台湾新竹科技园区为什么成功？就是能够吸引当时还没有成名的高科技产业进驻。等它进来了，它就变得很厉害。可是，还没有进来之前，它就付不起这个房租。对于经济发展、对于深圳，要有长远的眼光。

空间的特征，是复合性的生活空间，不是单一的生活分区，它可以结合相容性的周边。它的儿童教育跟展示馆、博物馆大部分是很难直接产生利益的。但是，它可以跟一些可以产生利益的结合。有盈利能力的都市休闲，以及园林型的居住、体验型的客栈、特色餐饮、图书消费等，这些建构出一个独特商业模式，保证产城相结合。深圳有很多人才，会比我还要能够想出办法来，这个就是琢磨出一个新的商业模式，让没有办法赚钱的跟可以赚钱的两者相结合。

黄永松　　书城——我的编辑故事

黄永松
台湾《汉声》杂志创办人、
“中华传统民间文化基因库”设计师

我小的时候，读书风气好，无论农村还是城市都弥漫着书香，逢年过节时都能听到人们口耳相传说故事。在这样的氛围中我养成爱读书的习惯，功课也好。今天我觉得只有书香能大慈大悲，既能容纳我们，也可分享给无缘见面的朋友。书籍是载体，随着出版能促成共体共识的书香社会。后来我成为编辑，就想要出版好书，自然成就好的出版事业。

我在出版工作生涯中，因为是编辑，编辑了许多好书，举个与我最贴近的例子。我是长在台湾的客家人，祖先随着郑成功到了台湾。因为关于郑成功的著作和报道很少，身为编辑的我，就想为郑成功著述并公之于世，因而完成了两部关于郑成功和一部关于台湾史的好书。

第一本是《郑成功和荷兰人在台湾的最后一战及换文缔和》，这是《汉声》杂志第 45 期，于 1992 年 9 月出版。1989 年，《汉声》在荷兰海牙设了一个编辑点，寻找郑成功的资料。由出入档案馆三年的台湾史专家为我们撰写这本有关郑成功的著作，翔实报道了 353 年前的 1 月 25 日，一场台湾史上空前的大炮战在今日台南市安平区——昔日大员岛展开。郑成功的军队与荷兰人这场战争，使得同年 2 月 1 日战败的荷兰人正式签约妥协，终于离开占据 38 年的台湾。战败的荷兰必须向郑成功“换文缔和”，世人只知有荷兰人降书十八条，却无人知晓还有郑氏致荷兰人条约十六条的历史文件。多出的两条保障了荷人平安回到巴达维亚的航行中的各种需要，今日法学家比较了两份条约，惊叹地说郑成功真是一位谈判高手。为了提振民族自信心，希望给读者收藏当年荷兰人的仿真降书，我电话联系荷兰希望由我亲自拍摄荷兰人降书的清晰图片文件，由此造成一次重要的历史发现。得到同意后我于 1991 年春再赴荷兰，亲眼目睹在十八条原档案之下还有新发现的十六条，征求档案馆同意后拍下清晰的照片。这是中国汉学界的新发现，也是一份令国人引以为傲、值得永久典藏的珍贵历史文献。

想要多了解郑成功，海牙国立档案馆里有非常丰富的资料。后来我又编辑了一部《梅氏日记——荷兰土地测量师看郑成功》，汉声杂志第 132 期，于 2003 年 3 月出版。荷兰土地测量师菲利普・梅在台湾生活了 19 年之久。郑成功登陆后，梅氏协助郑成功翻译、谈判并测量土地，逐日如实记载每天发生的事，如同古代的报道文学，把郑成功的动作和神情鲜活地表现出来。荷兰档案馆的古文件之“沧海”中珍贵的“一粟”被发掘了，本书即是一例。

还有一部《台湾老地图》，是汉声杂志第 105 期，于 1997 年 9 月出版。要研究台湾历史，荷兰档案馆有无数好资料，都是第一手史料。我在档案馆地图室认识了地图历史学专家冉福立，写出了荷兰人画的台湾老地图。这部好书从约稿到出版，历程七年才完成。

16 世纪出现在世界地图上的台湾有三岛形、两岛形，非常有趣。当时荷兰人从南往北经过台湾，还未登陆时看到有两大河口，误以为有并列的三个岛；之后在台湾南部登陆，才知只是河口，并无分开岛屿，后来画台湾地图呈两岛形；再往北部上陆才了解是一个岛。这部书收藏了 30 多张台湾老地图，详细分析并古今对照，见证先人辛苦开发台湾的历程，展现了台湾从名不见经传的小岛到跃登世界舞台的动人历史。

先成为一个好编辑，做出好书后，才能形成一个好的出版社。有众多好出版社，聚成一个好的书城，才会有好的书香氛围。作为编辑，就是要把选题内容的灵魂展现出来，这样读者既爱读，还能长精神。这是我的期盼。

吕敬人　书籍设计——创造阅读之美

吕敬人
清华大学美术学院教授、
中国出版协会装帧艺术委员会副主任、
中国美术家协会平面设计艺术委员会委员、
国际平面设计联盟 (AGI) 成员、
书籍设计家

我是做书人，我在 20 世纪 70 年代末进入出版社，既当设计师，也当编辑。后来我到日本去学习，改变了所谓既定俗成的装帧观念。我还是从书籍设计的角度，来谈一下为什么要创造阅读之美的想法。

首先讲一下韩国坡州书城。我这 10 多年，几乎每年要去那里一次到两次，带着清华美院的学生、研究班的学员和工作室的助手，每一次去都看到书城的发展和建城概念的不断提升。

这座城市给我带来太多美好的感受。清晨打开房间的窗户，晨曦的阳光、清新的空气、开阔的沼泽地，一座座千姿百态的建筑，传递着一股自然的气息和这座城市的活力。从 1988 年开始到现在，经历了 27 年的坡州造书人，每天迎着这样的曙光，来构筑他们心中的理想国。

书城很现代，并不保守。李起雄先生为了建造这个坡州出版城，走遍了世界各国，寻找全世界最优秀的建筑家。我也曾有幸，陪着他到北京的长城公社去寻找优秀建筑师。中国著名的建筑家张永和先生在坡州留下了他的作品。

同时，它并不放弃传统。李起雄先生特地将一古建筑原封不动地搬到书城，在建筑旁树起当年刺杀日本首相伊藤博文的韩国抗日义士安重根的纪念碑，上面写着他的名言："一日不读书，口中生荆棘。"在极其现代化的城市中留下民族历史的记忆。

称之为"纸之乡"的宾馆里，每个房间里没有电视机，只有书。还陈列作家的著作、手稿复制品、曾经用过的文具，供宿客浏览、阅读。在现代化陈设的宾馆里充满着书香气韵，令人感慨不已。

书城是一个阅读的城市，文化中心的四壁从地面到天顶，全部是书架，装满了书籍。每到礼拜六、礼拜天，父母都会带孩子到书城来读书、参加名目繁多的阅读活动。书城还保留了活字印刷工房，人们可以用传统的印刷术和装帧方法做自己的诗集和心仪的印刷品，充分体现了匠人精神到工学艺术的传承。

由世界级的设计大师安尚秀建立了一所 PaTI 设计学校，推行全新的设计教育体制，为韩国带来有探索价值的课程和培养人才的教学平台。

每年坡州举行各种学术活动，有出版领域的研讨活动，授予各种奖项。2005 年举办第一届东亚论坛，我和杉浦老师、黄永松老师、郑丙圭一起参加了把中日韩东方文化相融合、创造汉字文化圈独有的书籍语言和书籍语法的讨论。之后中国的许多年轻的设计师也加入了这一交流活动，还举办了中日韩当代书籍设计展。时过 10 年，第十届东亚书籍设计论坛如期举行，书城为我们提供了传播东方文化精神的舞台。

为了表彰李起雄先生这 20 多年来所做出的贡献，我有幸在今年 3 月参加了为李先生举办的颁奖仪式和他的新著《书城的故事第二部》出版发布会。政府官员、学者、诗人、艺术家们纷至沓来庆贺。

我深深感到，坡州是一座具有力量的城市，它的内在力量来自它的"节制、均衡、和谐和人间爱"建城思想。阅读，让城市充满人间温暖。

著名的英籍阿根廷文学家博尔赫斯说："别人都为他们写了什么而感到自豪，可我却为自己读了什么而自豪。"因为书籍是前人、先辈、先哲们为人类留下的智慧结晶。我曾在北京看过一出英国空洞剧团演出的话剧，主题是与博尔赫斯的对话，里面有几句话印象深刻："书的魅力很大程度上来自它的物质性，书沉重、笨拙，也灵动、优雅，这是一种在时代更迭之间显得越发珍贵的气质。"他说："我以为人类这一独特的物种会灭绝，但图书馆永存。"回味无穷。

什么是书？英国诗人多恩在布道词中写道："全体人类就是一本书，当一个人死亡，这并非有一章被从书中撕去，而是被翻译成一种更好的语言。每一章都必须翻译，上帝雇用了几名译者，有些文章由年龄来翻译，有些由疾病，有些由战争，有些由司法，但上帝的手会将我们破碎的书页再黏合起来放到那个文库中，每本都会对彼此打开。"也许，书籍设计师就是上帝唤来传递书籍之美的使者。今天，书业面临巨大的挑战。但深圳书城已经营了很多年，而且非常成功，已成为中国最大的书城。由此看来，中国的书业并不会消亡，有着期待和希望。

2012 年日本在代官山建成一座综合性大型书店——茑屋书店。其中许多细节都为读书创造很好的条件和气氛。这里有各种辅助性设施，还有让你意想不到的地方。举个例子，书店不远处有家狗的化妆店，主人不能牵着狗去购书，狗的化妆店有了狗栖息的场所，还可给它洗洗澡、化化妆，主人可以在书店安心地读书。

今年在东京二子玉川又开了一家“茑屋电器”。书店特点是根据不同的种类的书，配置了相关的商品。比如居住、健康类读物，有关居住、健康的新产品比比皆是，我觉得这很人性化，精神和物质都得到了满足。

在英国威尔士有一个名叫“黑镇”的小村，方圆没几公里，里面居然聚集30来家旧书店，是分门别类的书店。书并不贵，且保存得非常好，18世纪、19世纪的书都有。有家书店门口挂一标语：“黑镇王国禁止电子书。”它让人们静下心来读一本书。小镇书店会有咖啡店温馨舒适地读书，这是一种非常高雅的读书气场。

我特别喜欢巴黎塞纳河畔的莎士比亚旧书店，百年历史，来自世界各国的慕名者络绎不绝，书店经常举办小小的沙龙，有时仅十来个人，甚至有些年轻人能住在那儿，书店备有简易的床（长椅子），读不完，第二天继续。

中国的大书店好像都不太景气，但很多爱书人仍在坚持，像苏州诚品、广州方所、南京先锋、深圳书城、北京豆瓣、万圣、库布里克、字里行间、时尚廊、单向街等，守望着书店文化。深圳书城、北京三联书店都推出了24小时服务。更多文化人参与独立书店的经营，开辟新阅读生活的一角，拉起逆时代而行的后书店文化的帷幕。

一大批知识人投入出书编辑行业、书店业、设计业，给传统出版业形成一股强大推力，中国的设计和出版人，必须更新观念与时俱进，为读者创造好书，唤回阅读文化的美感。

中国出版量巨大，每年出版40多万种书。但我们的阅读量太少。中国人的年平均阅读量是4.35本。俄罗斯人每年读55本，以色列人每年读67本。可见虽然中国是一个出版大国，但绝对不是一个阅读强国。电子载体的蜂拥而入的确让做书人面临危机，但我认为反倒是得到绝佳的挑战和机遇。出书人应该反思，可否少做那些充填码洋数字的烂书，多做读来有趣受之有益的好书、精品书，物有所值的书，真正能够传世的书。减少片段式的快速获取信息的时间消耗，增加系统的慢节奏获取的只是阅读享受。改变只会做外在的书衣打扮和平面装饰的装帧局面，努力参与到内文本叙述结构和视觉化编辑设计的整体书籍设计，才能真正赢得时代的阅读需求。不要空谈创意产业，阅读增强国力和国民想象力！

当下业内一些人士仍坚持唯封面论输赢的装帧评判标准，放弃书籍整体阅读之美的追求，这是出版业一个最大的误区。比如当下山寨抄袭、仿效跟风、平庸低俗、粗糙对付之风，一味降低成本（精力和财力）失去做对得起读者购买物有所值好书的愿望，严重阻碍中国出版物水平的进步。

2014年2月，我在莱比锡担任了世界最美的书的评委工作。经过评选，在600多种书中遴选出14本世界上最美的书，得奖率只有2.5%。我们通过对内容的了解，从文本结构、编辑角度、用字编排、印制质量等来评判一本书的设计良莠。可以看到14本书的封面没有一本是炫眼的、所谓抓人眼球的，而它的成功恰恰在于它的编辑思路，又有很好的整体设计概念，独特的设计语言和语法、最好的物化美感标准。回国后我写了一篇文章，在《北京青年报》上发表，题目是《世界最美的书未必“光彩夺目”》，美书不仅仅有漂亮的外衣，更要注重内在的阅读设计。

书籍设计强调信息在空间+时间中传递的概念，是层层叠叠的书页中承载着时序、结构、逻辑……知性的力量，设计师要拥有阅读设计信息构筑意识，书籍设计非名词设计，应该是动词设计，也是信息传播跨界思维和方法论的综合应用。书籍是信息诗意栖息的建筑，以往的装帧重点大多做一件“漂亮”的外衣，文本叙述的方法流于平庸，因为缺乏文本内在编辑设计力量的投入。由于部分出版人只关注码洋和效益，设计者的观念滞后，又迁就于行活与营生，放弃高标准的个性追求，缺失的是概念、创意、专注、细节、态度和责任。没有温度的设计如何赢得阅读的动力，书籍之美需要所有做书人的付出和与时俱进的思维更新。

这些年中国书籍艺术在进步，改革开放后，中国的书籍设计师们在突破书衣打扮的书装局限，发挥书籍整体设计的巨大能量，努力为读者创造最美的书籍。自2004年到2014年的10年间，中国有13本书获得德国莱比锡世界最美的书奖项，包括金、银、铜和荣誉奖项，为中国争光，为中国的出版业争光。

值得一提的是，我们出版行业内坚持着每四年举办全国性书籍设计的大展。国家政府奖每三年举办一届，由上海新闻出版局主持的中国最美的书评比每年进行，成果斐然。2013 年第八届全国书籍设计艺术展终于走出北京，在深圳关山月美术馆成功举行，并举办了国际设计家论坛。同时，选出的优秀作品继续在各地巡展，受到热烈的反响，这是书籍设计的魅力。

今天看来电子载体有着自身独有特殊性，而适应时代的需求，其优越性不容置疑。但博尔赫斯提到的，阅读是一种在时代更迭之间显得越发珍贵的气质，更引发电子时尚风靡的当下我们应该反思阅读的气质。人们会放弃传统纸面阅读吗？责任不在新媒体，造书人只有创造最美的书才能吸引年轻人耽读于精神的居所，留住传统阅读温和的回声。

中国书籍设计加油！

廖美立　从诚品、方所看世界图书城市的营造与创新

廖美立
台湾行人文化实验室与目宿媒体董事长、
方所文化创始人、
雅昌（深圳）艺术中心总顾问、
台湾诚品书店创始人

今天整个下午聆听了所有大师的演讲，我真的是收获非常多。同时，我还想用茑屋这件事情跟大家讲，我们要做这件事情，真的不要急。这也是我最近这几年在大陆，不管在做方所或者在做雅昌所得到的经验。现在深圳想要做这么大的一件事情，真的不要急。我们所看到的坡州，也是花了 20 几年的时间。我现在跟大家分析一下茑屋书店。茑屋书店本是录影带的出租店，装修很普通，就是一般连锁。但是，我们在三年前去拜访茑屋书店的老板，他说他到台湾看了诚品书店，诚品书店的空间给他很大的冲击。我们后来看到日本代官山茑屋书店的开设，刚刚吕老师讲到，他进去之后非常舒服，有宠物店、莱茵卡的店。日本是一个太成熟的地方，他们做各种业态是非常精准的。所以，代官山的茑屋书店做这么大的一个设计，其实他就是给一个

族群的——给退休的老年人族群设计的。这个是茑屋书店企划部的总监来到方所演讲，把方案告诉了大家。

我们现在看到，它的第二家开始卖家电，其实不止第二家，最近有一些新的模式出现，开得非常快。为什么现在亚洲的书店这么热？这样一个书店的场域，可以一直跨界出去，跟很多业态结合，有的可以结合得非常漂亮。现在大家看到最漂亮的就是茑屋书店，它比诚品还漂亮。即使我现在来做，我也做不出来，原因是什么？我认为这是因为日本累积百年下来，它的零售业、各行各业已经成熟了。日本有 1.2 亿人口，文化业已经发展得非常极致。它的服饰品牌、生活品牌这么多，它的餐饮，所有的部分本来就是非常成熟的。所以它一个业态跨出来，可以整合得非常成熟。

但是，以台湾日前的状况，即使现在做到文创平台，品牌也还是不多。严格来说，能够上台面的都是才刚开始的年轻人。所以，还不能算是一个真正的品牌，它离大市场还很遥远。其实，我认为这都是急不来的。但是，经过几年，尤其是中国大陆会发展，因为本身市场之大，可以促进品牌快速发展。虽然可能不是短期一两年之内就能做到，但我们可以看到未来，它一定会越来越精彩。

现在大家同时在做一件事情。我只是觉得，很多东西可以稍微再沉淀一下，或者我们可以回归到一些业态里面。今天看坡州整个出版的规划，我还是觉得深圳有蛮多东西可以继续探讨下去。

我之前都是在做书店，直到离开诚品。离开的时候我一直在想，我除了卖书给我的读者之外，他会不会想要了解这个作者其他的东西？所以，我后来在行人出版社里面，又做了文学作家的纪录片，现在已经开始筹备第二期。香港有文学三部曲，陆续会在下半年出来。我今天看到坡州整个规划，它也分三个阶段，第一阶段是出版印刷，第二阶段是出版和电影，第三阶段是出版和回归农场。我觉得，它是一个传承的味道。我会想到我自己的一个轨迹。其实我也一直在思考，到底出版的未来跟我想要提供给读者一些什么样新的互动的关系。

在大陆我们还有另外一个部门——文创部门，也在协助一些理想很接近的伙伴们。2001 年，广州方所成立。我觉得方所可以跨越出来，跟服饰业、时尚业结合。所以，在方所这边的规划里，大部分是自营的东西，包括所有的服饰等。方所是以时尚、艺术、设计这样的一个平台为主来阅读的场域。这样的跨域，可以形成一个城市里的文化交流平台，是非常好的一个模式。

广州方所成立三年后，于 2015 年 1 月在四川成都开了第二家。成都方所在一个新的 Mall 里，面积有 3000 多平方米，大概是广州方所的两倍。我的拍档是一个设计师，他是一个创造性非常好的人，在整个空间里面创造一个完全像艺术品的东西。他用石柱去连接所有设计，造成一种视觉上的震撼。这个店刚开业三个月左右，就吸引了很多人，假日人流量非常大。

成都店开业之后，第三家店也于昨天在重庆阳光设计百货里开业了，面积跟广州的差不多。这个店整个感觉是一个非常安静的空间，一个舒适的阅读空间。

与方所同时，三年前我们跟雅昌集团也开始合作。雅昌是国内一个专门印制艺术书的印刷公司。它非常聪明，在多年前就从印刷厂累计了非常多的图片库，再发展成一个非常好的艺术入口网站，提供非常多的艺术资讯。

雅昌艺术中心让我觉得，它是我在做实体书店里面最具有未来性的。因为它的出版、印刷厂、数据库、图片库，让我产生很多想象。它的位置不是在市中心的地方，而是跟它的印刷厂、办公室在一起。所以，当初万捷董事长找我的时候，我基本上同意了。

这个地方是要走高端的会员，假设我们最有影响力的这 20% 的人能改变些什么，那我觉得这个案子也算成功。16 世纪意大利的美第奇家族赞助众多艺术家，我们熟知的这些大画家，很多都是那个大家族在长期赞助的。其实，这样一个家族的收藏，不只是改变了意大利，甚至也改变了整个欧洲几百年来的发展。

所以相对地，在中国，如果我们能够在雅昌艺术中心收容很多艺术图书，同时举办很多展览，邀请很多艺术领域相关的产业链——不管是拍卖公司或者收藏家做交流活动，影响这些有影响力的人，让他们再

去影响大众，这是一个长期有规划的部分。

基于此，我们投入两三年时间规划这个部分。这里所经营书的品种，我大概把它们分成六大类。第一类是国内国外流通的艺术书；第二类是学术书跟专业书，就是所有的博物馆的画册、重要艺术基金会艺术相关的书籍，另外我们还去搜索欧美几大好的画廊好的画册；第三类是艺术套书；第四类是限量版的书；第五类是古书或者旧书；第六类是手工书，我们定位分成两个系列，一个是艺术家的手工书，另一个就是装帧设计师的手工书。

未来，我们希望能够运用一些 IT 技术，不只呈现纸本的部分，还要有电子版的图片。这也是这个案子比较特别的地方。

最后，对于深圳要做出版城，我有一个期许。如果深圳未来这个部分要成功，我觉得要回过来盘点一下。我们知道深圳有很多硬件的科技厂商，有很多设计师，这是一个优越的条件。如果要做一个出版城，我觉得它能够引进来的部分，或者在这里能够吸引10 家优秀出版商就成功了。

很多出版商都在北京，这个地方如果可以聚集越来越多的设计师，或者内容产业相关性的人才将会更好；并且建设一个很特别的东西，可以把他们一个部门放到这里来。这个部分是大家可以去思考的。

未来要做这个，我觉得规划和执行团队也是非常重要的一部分。它们是不是能够具有一个国际性的视野，它的管理或者租金等，都是需要经验的。

International
Symposium on
21st Century
Silk Road
Publishing and
the Humanities
21世纪丝路出版与人文国际研讨会
SHENZHEN 2015.5
指导单位 福田区人民政府
深圳出版发行集团

专题：2015“中国最美的书”

Book
Design
2015
17

The Beauty of Books in China 2015

2015 年“中国最美的书”评委会成员

第一排左起依次为：
康斯坦兹·伯纳（德国）
陶雪华（中国）
徐炯（中国）
铃木一志（日本）

第二排左起依次为：
祝君波（中国）
吕敬人（中国）
郑丙圭（韩国）
王序（中国）
周晨（中国）

A B C D E F G H I J K L M

《爱不释手》洪卫

《薄薄的故乡》孙晓曦

《布衣壶宗——顾景舟传》周伟伟

《订单——方圆故事》李瑾

《古韵钟声》刘晓翔 刘晓翔工作室

《黑白江南》沈钰浩

《匠人》朱赢椿 罗薇

《老人与海全译本》张志奇工作室

N O P Q R S T U V W X Y Z

N 《男女》瀚清堂 《你是哪里人》韩湛宁 《凝·动——上海著名体育建筑文化》张国樑 董伟

Q 《齐白石四绝十方》袁银昌

S 《上海字记——百年汉字设计档案》姜庆共 《生态智慧丛书》张志奇

T 《痛》小马 橙子 《兔儿爷丢了耳朵》刘晓翔 刘晓翔工作室

W 《温婉——中国古代女性文物大展》姜嵩

X 《学而不厌》曲闵民 蒋茜

Y 《一桌二椅——夜奔·朱鹮记》K.J. Design Studio

Z 《中国关中社火》杨大洲

The Beauty of Books in China 2015

Catalog of
"The Beauty of Books in China"
for the Competition of
"Best Book Design from All Over the World"

141
RADO

瓦匠

A

《爱不释手》

设计者　洪卫

《爱不释手》本书使用手写体，毛边风格，手感极其特殊，吸引读者，让人感觉，通过这种方式能将自我感受充分表达出来，整体设计构成独特，内容形式浑然一体，具有视觉张力。由于该书的作者就是一位设计师，因此他能将内容与设计做到零距离，似乎不经意的页面设计却有意体现信息的传播温度和对富有质感的阅读。

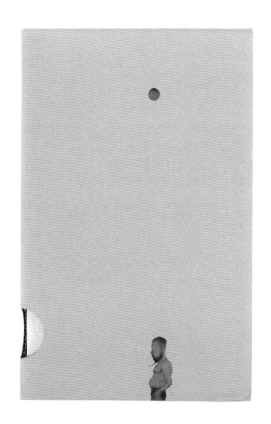

设计者　瀚清堂

《男女》全书设计体现了东方审美的空灵之美，大胆的空白利用，齐巧的图像构成，男左女右的页面分布，图题别致的处理方式，体现了设计者精心的设计运筹。多面前扉上男女图形分别交替旋转的配置，提供了多层次和动态化的信息传达，注入时间概念的阅读感受。单双页图形与空白页对应贯通全书，偶尔辅以少量折叠的图页，增加了视觉构成变化与阅读趣味，设计充分体现两位文人画作者诙谐风趣的特质。

N

《男女》 《你是哪里人》 《凝·动——上海著名体育建筑文化》

设计者 韩湛宁

《你是哪里人》 一本平实的诗集，开本非常适宜阅读，封面选材手感好，采用黄色、灰色、米色等暖色调，十分雅致。灰色的封面和黄色切口，彼此协调呼应，又具现代感。端庄的正文字体和偶用手写文字的背景配置，静态中富有个性的变化。封面部分采用凸纹工艺，精巧的构想反使全书整体得到简洁的结果，使诗赋这种文学形式既富书卷气息，又具品赏性，为人们提供阅读诗的兴趣。

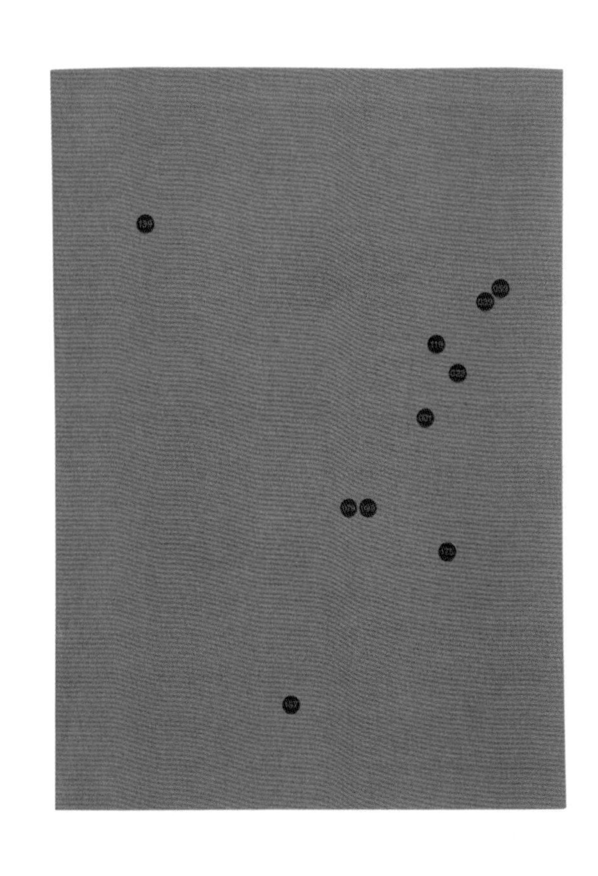

设计者 张国樑 董伟

《凝·动——上海著名体育建筑文化》 本书的设计以体育场馆在城市的分布为叙述基点，强调信息的位置感。封面上的圆点与各场馆在上海的地理位置相对应，并贯通全书，查阅信息一目了然，设计语言简明而新颖。辑页书口折叠部分特意设置信息界面，增加了信息数据与资讯层面的罗列，弥补纯图形的单一表述，将每一个场馆的外观浓缩成视觉图案，贯穿全书各个部分，便于分层识别。书籍外函、封面、正文用材讲究，物性手感俱佳，丰富了阅读体验。

B

《薄薄的故乡》《布衣壶宗——顾景舟传》

设计者　孙晓曦

《薄薄的故乡》该书是导演王小帅的个人随笔，在原有的印刷文本周围采用多种文字形式，丰富了文本表现，运用手写体使版面设计更加丰富而有新意，延伸了阅读联想。老照片等图版资料及个人信息复合穿插，形成多重阅读线索，增加了全书的可读性。

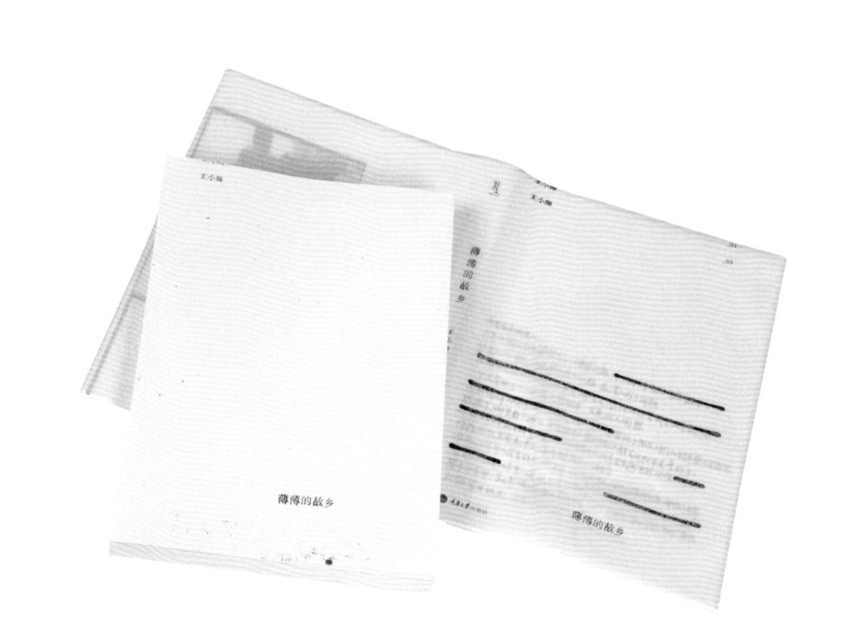

设计者　周伟伟

《布衣壶宗——顾景舟传》关于紫砂大师顾景舟的传记，图书封面设计讲究质感，外切口书页参差变化，富有情趣。该书设计上的一个成功之处在于图片编排到位，利于读者的阅读，并且将许多手稿、老照片、紫砂作品等运用于不同的纸张呈现，文本信息进行穿插，显得十分灵动。年表编排呈壶形，表现独特。设计师通过严谨的编辑设计，让各种设计要素在全书中沉淀下来，展现出该书的艺术张力。

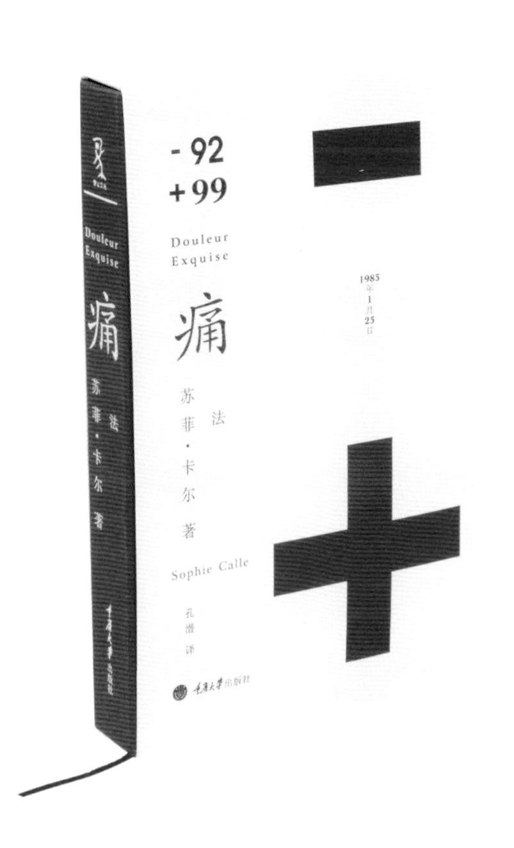

T

《痛》《兔儿爷丢了耳朵》

设计者　小马 橙子

《痛》 该书由一位法国作者所著，内容视角独特，内页色调应用与层次结构清晰。运用理性、冷峻的设计语言，将无法言状的痛苦感受进行了视觉化的表达，读者在翻阅中能强烈感受出这一点。正文部分纸张的灰色设定、痛苦前后的感受通过几页黑页过渡，表现出不同时段的情感世界。封面的“+”“-”符号的应用都是一种既有情感又具理性的表达方式。设计者的编辑设计语言与众不同，为阅读留下丰富的想象空间。

设计者　刘晓翔 刘晓翔工作室

《兔儿爷丢了耳朵》

设计者将剪纸以最原始的形态呈现，在加以重叠和组合构成后进行拍摄。剪纸投影凸显了立体感，加强了剪纸原作的感染力。全书图像造型朴素幽默，编辑语言独特，纸张性格鲜明，色彩对比明亮且协调，页码文本布局新颖，故事叙述具有中国民间传统气韵的感染力。订口采用裸背装，使各个书页画面都能得到充分的展示。可以看出设计师对编辑设计的驾驭能力，为原作添彩，体现了设计的附加值。

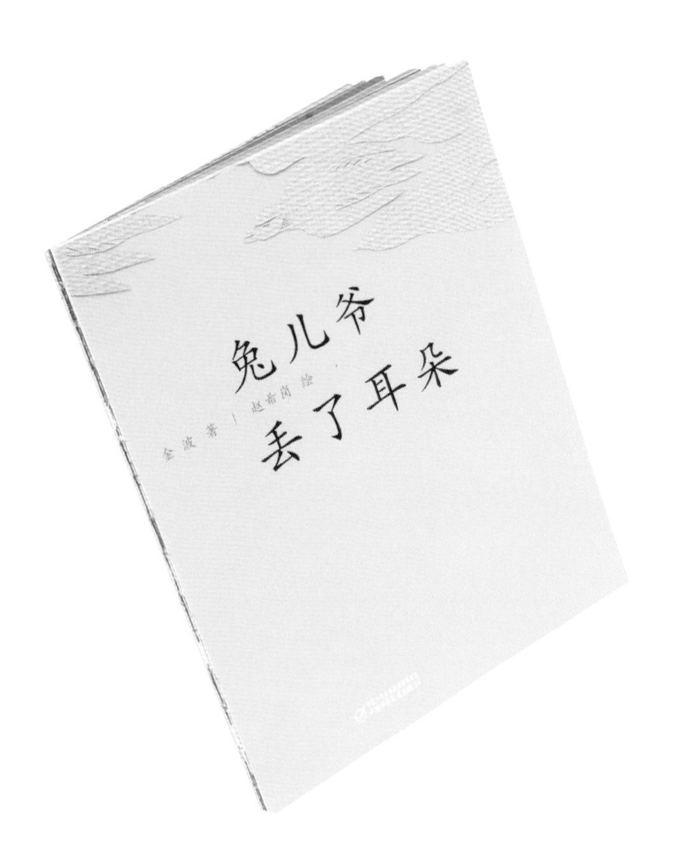

《订单——方圆故事》

设计者　袁银昌

《齐白石四绝十方》 用心之作。前扉多页阶梯式的信息设置，让主题内容层层递进，使阅读别有趣味。照片拍摄极为讲究，强化物像虚实和透视关系，物像得到完美呈现。摄影用光及投影处理细腻，图形切割截取构成巧妙，印刷还原尽善尽美。设计师利用纸张的透明度，反面印刷的篆刻拓片以多种方式、多个角度在书页的折叠中呈现出丰富的印章艺术信息。十方印章内容简洁，但通过多维度的编辑设计语言大大扩充了信息体量和内涵的感染力。

设计者　李瑾

《订单——方圆故事》 封面采用包装纸，书名仿照订单，选材和设计都很新颖。以出版社往来信件作为开头，每一页的签名都附上不同的肖像，趣味十足且富有个性。设计打破常规，在前言和目录之间插入图片，书口呈动画图像翻阅形态，激发读者去探寻和发现。

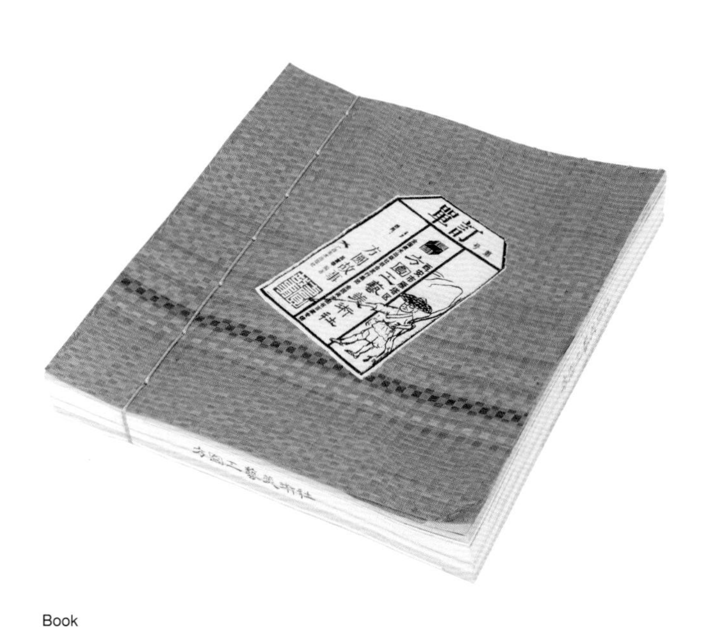

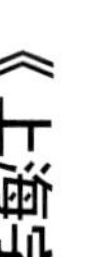
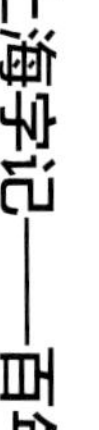

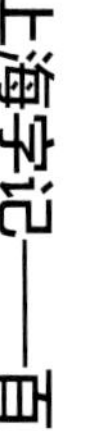

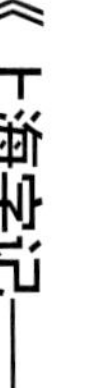

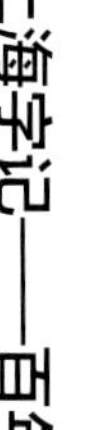

Q

《齐白石四绝十方》

S

《上海字记——百年汉字设计档案》

设计者　姜庆共

《上海字记——百年汉字设计档案》本书的作者和设计师为同一人，整体设计充分反映出作者研究和论证的艰辛，封面的淡红透露出作者的心血。内容丰富却不沉重，书型开本恰到好处，易于阅读。排版文图适宜，文字留白相间。印刷与装订工艺精良，纸张使用到位。设计既体现出 20 世纪百年时代的痕迹，又具有当代设计的意识感。

《生态智慧丛书》

设计者　张志奇

《生态智慧丛书》(1. 生物多样性 2. 水系与流域 3. 全球气候变化 4. 生态可持续性) 作为一套科技类书籍，设计注重科技类图书的属性，强调知识传播结构和阅读性。开本采用黄金比例，每本书根据主题在封面上设计了不同的简洁图案，体现了平面设计的优势。环衬图形处理独特，与主题和封面相对应。

巧妙组织各板块体例内容在网格体系布局下，既有规则又有变化，留白大胆，富有节奏。精心设计的图表设计到位，通过视觉信息的传递促进了内容的理解和知识的吸纳。这是一套设计语言阐述完整又具有美感的科技类图书。

G 《古韵钟声》

H 《黑白江南》

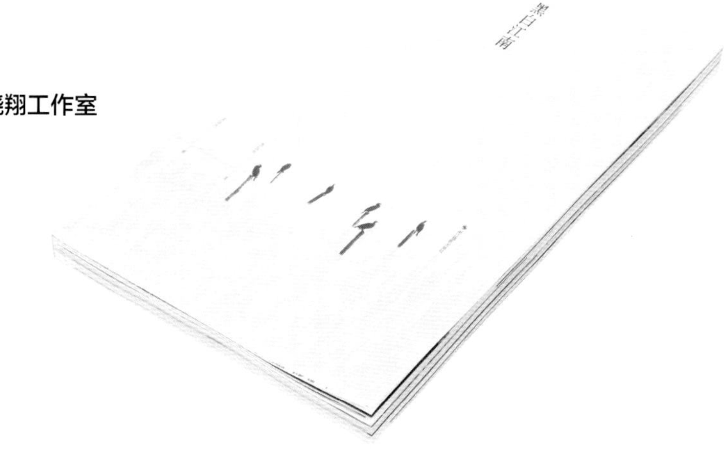

设计者　刘晓翔 刘晓翔工作室

《古韵钟声》　该书设计讲究理性、严密、周到的信息分析与考量，引用矢量化信息设计概念贯穿全书叙述结构，引导读者阅读及理解。设计师懂得如何把内容进行梳理整合，并具有节奏的视觉化表现，局部与细化，直观图形与视觉数值，均有深入的考量，特设的钟鼎文凹凸的触摸感强烈，拓片运用得体，有很好的阅读质感。该书将中国古典艺术有序地完美呈现，使读者的阅读兴趣不断提升。该书设计理念对当下同类型的画册设计具有借鉴价值。

设计者　沈钰浩

《黑白江南》 该书为设计师反映江南文化风情的摄影集，专邀作家撰写散文，图文并茂。画面以黑白印刷为基调，对往事的回忆的情绪贯穿全书，并感染读者。书中照片的编排构成讲究，部分图用铜版纸加光油模拟老相片，背面可以注有时间、地址的设计用心，增强了读者的阅读关注。该书做了很好的编辑设计思路，很好地组织信息的描述与记录，风格独特，引人遐想。

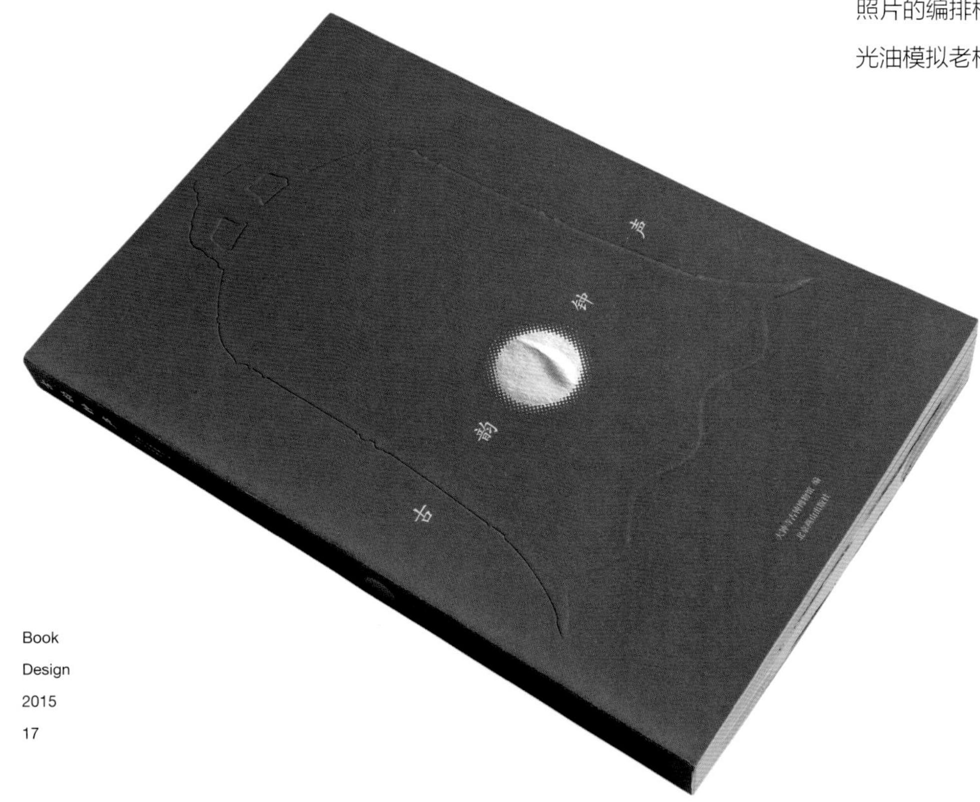

W X

《学而不厌》

《温婉——中国古代女性文物大展》

设计者　姜嵩

《温婉——中国古代女性文物大展》 这是一本关于中国古代女性文物的图录，涉及古代女性生活的多个门类。设计上进行独辟蹊径的编排方式，将巨大的信息和丰富的图片素材，进行形式多样的整合和展示，既富于创新，且贴合内容。作为常规的展览图集，该书设计有一定突破。纸张的不同运用及装订方式构成对内容进行有层次的区隔，全书注重设计细节，将结构感与序列性有机组合，是一本形式与内容结合度很高的图书。

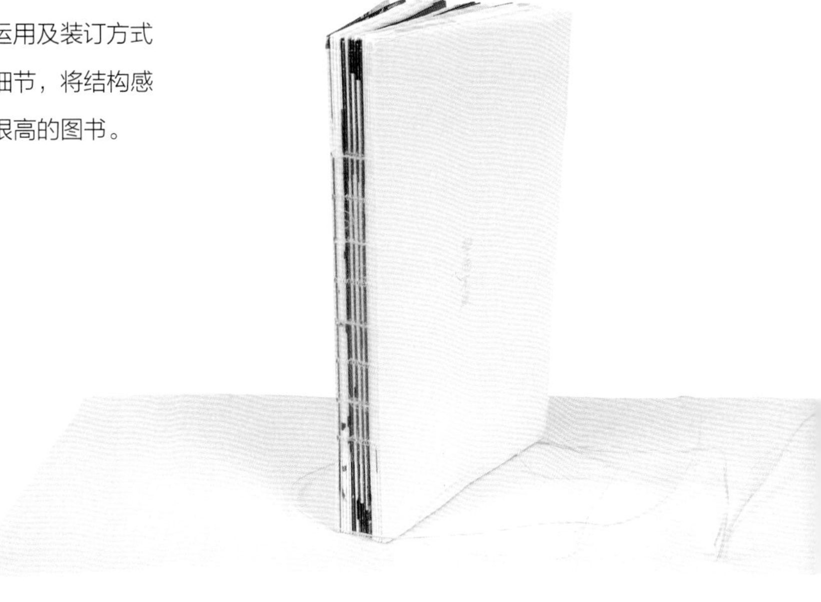

设计者　曲闵民 蒋茜

《学而不厌》 本书使用传统的宣纸来印刷中国画与书法，纸面成像富有质感。部分画页左右上下翻折，赋予阅读以动感，与主题相辅相成。封面用绘画装裱形式制作，工艺手段与内容吻合，裸背装订方式便于翻阅，柔软程度如同品读古籍。文本排列随阅读游动，在规则中寻求着文字群的变化，或虚或实，是有序与无序的对立统一。东方韵味在设计中贯通整体，使得书籍的文人气息和传统审美意识浓郁。

J 《匠人》

设计者　朱赢椿 罗薇

《匠人》 每本书的设计背后都有一个故事，本书的结尾叙述出这样一个故事。作者和设计师合作共同去当地采风，而作者给设计师留下了很大的空间，这种合作设计关系非常新颖。全书设计及书口以黑色为主色调，显草根质朴气质。每个辑页标题文字形态呈现每个匠人的工具材料质感，与过程流动痕迹进行巧妙书写，表现独特，令阅读感受亲切。

L 《老人与海全译本》

设计者　张志奇工作室

《老人与海全译本》 整体的色彩采用渐变的蓝色，封面采用了海滩贝沙闪烁的材质，上面用蓝银色压印鱼和人物的形象，贴近主题氛围和文本语境。设计者不满足一般文学作品的简单排版，附加亲自绘制有多种生动形态鱼类插图，以富有怀旧情绪的笔记本形式插入相应的页面，呈现“书中书”的设计，为读者提供文本以外的视觉联想。文本结尾留有大量空页，仿佛留下空间让海水流走。全书体现时间的设计概念，更增添丰富的阅读情趣。

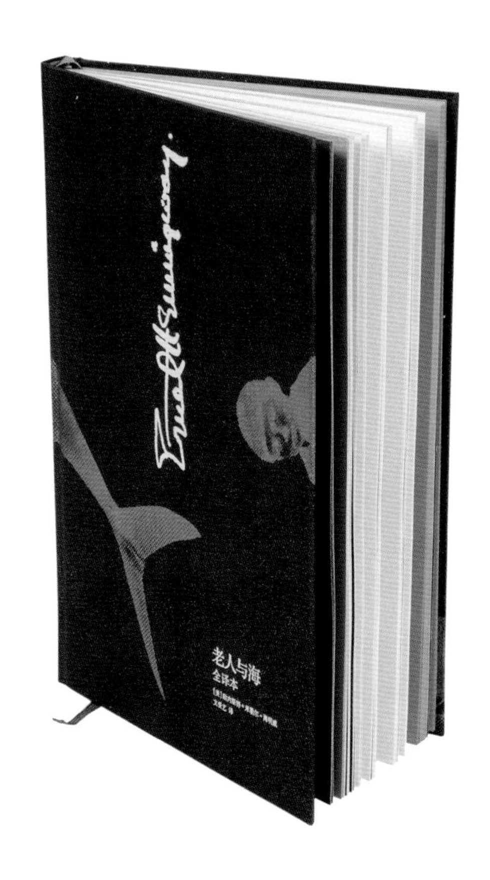

《中国关中社火》

《一桌二椅——夜奔·朱鹮记》

设计者 KJ. Design Studio

《一桌二椅——夜奔·朱鹮记》 此书排版富于韵律，设计语言恰好贴合内容，开本适中，图片放置富于新意。封面采用手造纸，内页手造纸尝试双色印刷，效果独特，该书设计具有一定的实验精神。

设计者 杨大洲

《中国关中社火》 整本书洋溢着民间传统戏曲的视觉特征与浓厚的乡土气息。照片体现了中国的民间传统审美习惯，强烈的色彩感，极具有张力。图像配置大小富于变化，构成巧妙又十分稳重，且与题眉相呼应，全书有很好的协调性和节奏感。三册组合为一体，相互间有着良好的比例关系。分册辑页插图形式独到，绘画手法富有表现力，增添了一份现代感。

书籍设计新资讯

Books Design New Information

2015.7.20—8.5

第六期敬人书籍设计研究班/坡州行

鉴于设计院校现行体制的现状，社会优质教师资源不能得到最大化的合理应用，成为提升教学质量的难题。为适应社会需求和创意产业人才培养，敬人书籍设计研究班根据教学需要，邀请国内外不同领域的一流专家、学者、教授来担任导师，以多角度的文化观念，传递多元信息。通过授课、学术讲座、workshop、研讨互动、手工书工作坊、国外考察等多种方式，开拓学员的国际视野，更新专业设计思维，丰富设计语法与语言，提升实际创作能力，重新认知设计的价值和书籍艺术的未来。本期邀请到瑞典著名书籍设计家尼娜，日本京都大学教授、纸张造型艺术家奥村昭夫，中国台湾书籍设计泰斗王行恭担任教学，并邀请内地一批颇有建树的设计家、教授任课。国外考察继续前几期的路程，访问韩国坡州书城，参加了2015第十一届东亚书籍艺术研讨会，中国优秀的年轻设计家连杰代表中国做了演讲。其间参观了书籍博物馆、西方古典书籍插图展、莫里斯书籍艺术展、比诺曹博物馆以及首尔各艺术场所，还有每次必去的三角书店，采购了大量心仪的设计类图书。

2015.9.12

成都图书馆

“德国最美的书展”

由歌德学院北京文化中心举办的“德国最美的书”展，分别在北京、杭州、成都巡回展出，吕敬人在成都图书馆做题为“最美的书留住阅读”的演讲。

2015.9.25

北京敬人纸语

“瑞士最美的书展”

重庆方所书店“瑞士最美的书展”

2015.11.10

上海衡山合集书店“瑞士最美的书展”

2015.12.8

“瑞士最美的书”大赛由来已久，是获得“世界最美的书”奖概率最高的国家之一。本次展出的是 2013、2014 年度“瑞士最美的书”，这些作品让读者充分感受“瑞士风格”。瑞士的书籍设计强调书的整体概念、编辑设计和字体编排，关注原创，还坚持包括印刷、装订和用材的高质量标准。瑞士海报，它保留着平面的特质、简洁的形式、强有力的观念，展现了现代平面设计的先锋视觉语言、创新思维、独特手法以及新美学运动方向的探索。

瑞士的平面设计既反映出国际风潮，又体现本土气质。这对于我们面对电子载体的挑战，如何让阅读趣味盎然地重新回到我们身边，多了一点回味。物化与创意、传统与现代、国际化和民族风，瑞士设计为我们带来多层次的参考界面和启发。

展览分别在北京“敬人纸语”、重庆方所书店、上海衡山合集书店巡回展出。

2015.9.25

国际平面设计联盟（AGI）吸收中国新会员：

刘晓翔、洪卫

国际平面设计联盟（Alliance Graphique Internationale）2015 年 9 月 21 日—22 日在瑞士苏比尔举行会议，从各国遴选出来的候选人中评选出新会员，曾三度获得“世界最美的书”奖殊荣的中国优秀的书籍设计师刘晓翔和两度获得“中国最美的书”奖并在平面设计领域成绩优秀的设计师洪卫被正式接纳为 AGI 新成员。目前国际平面设计联盟（AGI）共有会员 481 位，中国内地 AGI 会员 22 人，从事书籍设计领域的有 14 位，占全体 64%。

2015.10.5

北京设计周

——751 国际设计节论坛

论坛期间吕敬人以“书籍设计——同一文本讲出不同的故事”为题做了演讲。

书籍设计不是装帧的概念，书籍设计是以编辑设计的思路构建全书文本叙述的结构，以视觉信息传达的特殊性为文本增值。设计师可以以导演的角色由同一文本演绎不同表情的故事。演讲强调今天信息传播领域的分界线越来越模糊，设计师对文本的参与度也越来越深入，从选题策划、素材采集、摄影拍摄、插图绘制、图表制作到图文的编辑与阅读编排，还要掌握物化的工艺技能，更有跨界领域的主动介入，打一个比喻：装帧如同短距离赛跑，书籍设计就像马拉松比赛，有一个较长的经历过程。

2015.10.17

“钻石之叶：第二届全球艺术家手制书”展

由徐冰、克里斯 · 韦恩怀特（Chris Wainwright）策划，中央美术学院、伦敦艺术大学切尔西艺术学院、雅昌文化集团主办的“第二届全球艺术家手制书展”在中央美术学院美术馆举行。

尽管数码阅读正快速取代纸媒阅读，手制书艺术却承担起维护书籍除阅读功能之外的文化尊严的作用，与电子书同样获得了相应的发展机遇。事实上今天是一个“读物”转型的时代：纸媒书籍有可能被最终转化为“艺术”或“文化代表物”。首届“钻石之叶——百年全球艺术家手制书”展的前言中有这样的表述：“‘艺术家手制书’这种创作形式 (Artist's Book) 是通过艺术家对‘图书空间’的巧思，将文字阅读与视觉欣赏以及材料触感，自由转换并融为一体的艺术。”艺术家亲手排字、绘制、印刷直到装订，将文字、诗情、画意、纸张、手感、墨色的品质运用得淋漓尽致。

2015.10.27

书香中国第五届北京阅读季

第五届书香中国 · 北京阅读季阅读盛典旨在进一步探索北京全民阅读的特点、规律，创新推广模式，培养阅读风气，引领阅读时尚。盛典的“阅读 + ”系列主题对话特邀全国科研、产业、公益、科技、文化、教育、旅游等相关领域精英，集中探讨全民阅读平台、阅读空间 ppp 模式、阅读与科技融合、儿童阅读推广、阅读与生活方式等重要全民阅读话题，吕敬人做了“阅读 + 生活方式 ”的演讲。

2015.11.6
“中国最美的书”评选和“上海国际书籍设计研讨会”在上海举行

中国最美的书评选活动自2003年至2015年已历经12届。同时作为“中国最美的书”评选系列活动的上海国际书籍设计研讨会如期举行，研讨会汇聚全球设计领域精英智慧，与国内书籍设计师互动交流，推动中国书籍设计事业的发展。本届研讨会由部分评审委员做主题演讲，演讲内容有“日本书籍的理念及案例分析”/铃木一志（日本），“封面之下的隐形财富”/ Konstanze Berner（德国），“分享——我的四十年”/王序（中国），“美编派——书籍设计师的自立与自觉”/周晨（中国），演讲结束后还进行了圆桌学术研讨会。

2015.11.14
四川美术学院举办“印痕与编码”展和国际论坛

由四川美术学院版画系主任李川担任总策划的“印痕与编码——版画印刷设计”印刷设计邀请展和研讨会召开，其间还开展讲座、演示、工作坊等丰富多彩的活动。中国版画艺委会主任姜陆、中国版画艺委会副主任康剑飞、四川美术学院党委书记黄政、副院长侯宝川、中国美术家协会平面设计艺委会副主任吕敬人、澳大利亚维多利亚国立美术馆亚洲馆策展人韦恩·克洛瑟斯、台湾美术院院士兼执行长钟有辉、日本东京艺术大学版画部主任三井田盛一郎、保加利亚著名木刻版画艺术家彼得·拉沙诺夫、比利时列日双年展评审委员会委员米歇尔·巴津、英国著名职业版画艺术家拉尔夫·凯吉尔、比利时布鲁塞尔弗拉芒州美术馆馆长罗拉·德·坎贝妮尔等出席开幕式和论坛活动。书籍设计家吴勇、吕敬人在该论坛中进行了专题演讲。

2015.11.29
北京敬人纸语“欧洲古典书籍插图展”

本次展览是蜜蜂书店主人张宏业先生的部分收藏，为广大书籍爱好者奉献挚爱与大家分享。欧洲书籍中有大量丰富的精美插图。16世纪文艺复兴运动风行，欧洲涌现一大批插图画家。18世纪，欧洲出现了一股阅读潮，插图备受读者青睐，图量增多，趋向个性化。19世纪流派纷纷出现，如德国的表现主义、意大利的未来派、俄国的构成主义、瑞士的达达主义以及超现实主义等绘画风格掀起欧洲书籍插图艺术的高潮。本次展品有难得的珍品：古斯塔夫·多雷的《但丁神曲》、弗里茨·柯兹的者的《图像的塑造》、奥博利·比亚兹莱的《黄皮书》、康定斯基的《小世界》。

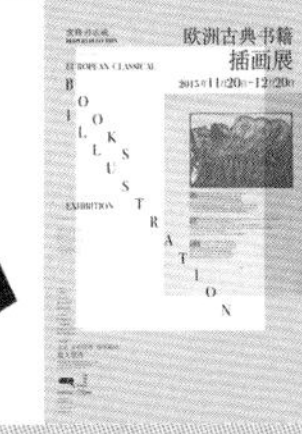

2015.11.25
莞城图书馆第五届书籍之美“纸语人生”“赵希岗剪纸艺术展”论坛

有关人生的经历、生活的体验，一段经历还是一生感悟都值得用文字和图像去记载，通过书籍这一载体留住时间和空间的回忆，让自己、让亲人、让友人难以忘记。“纸语人生”是莞城图书馆第五届“书籍之美”的主题，邀请各个行业的人士，有自己为自己记录的，也有集体的回忆集体编写的，有经过设计师精心编排设计过的，也有即兴创作的，有精致如欧洲的典籍，也有质朴如手制的小册。纸语记录生活，用书页留存回忆，感恩更多情感，传承人文良知，保留住传统纸面阅读有温度的回声。同时著名剪纸艺术家赵希岗的巧夺天工的剪纸艺术首次在广东与观众见面，传授传承并开拓中国的剪纸艺术理念。本次展览特意邀请了著名的年轻书籍设计师、插图画家、信息设计师杨林青、连杰、部凡、郭璇、李让做学术演讲和大学生进行交流。

2015.11.23
“秉楠与字缘”余秉楠字体设计研讨会在清华美院举行

2015年11月23日下午，由清华美院与北京北大方正电子有限公司合作主办、清华美院视觉传达设计系承办的“余秉楠字体设计研讨会暨方正秉楠圆宋、方正秉楠辞书体发布会”在清华美院报告厅举行。清华大学美术学院教授余秉楠先生，清华美院副院长张敢，原副院长何洁，院长助理、《装饰》主编方晓风，视觉传达设计系主任赵健，副主任陈楠，方正电子副总裁王剑以及清华美院师生、字体及设计爱好者300余人与在场的字体及设计界的老师们一起近距离了解了余秉楠先生的字体设计成就和设计心得，并一同见证了方正秉楠圆宋、方正秉楠辞书体的发布。